बाँस के विविध रूप एवं उनका उपयोग

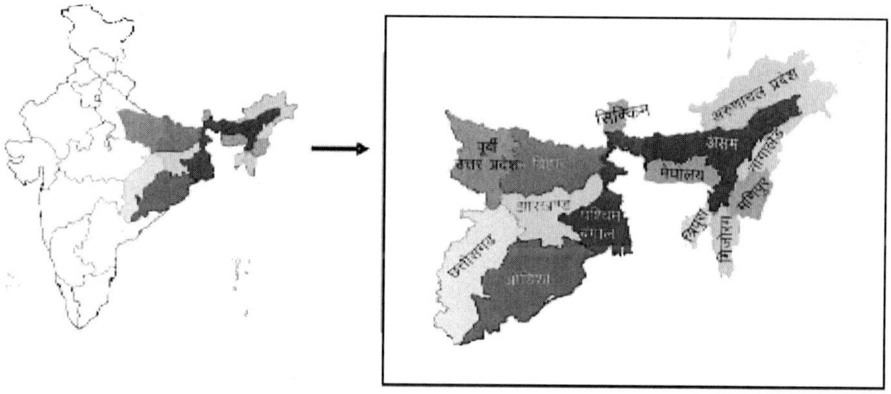

बाँस के विविध रूप एवं उनका उपयोग

बी०पी० भट्ट[1] एवं बिकास दास[2]

[1] भारतीय कृषि अनुसंधान परिषद का पूर्वी अनुसंधान परिसर, पटना
[2] भारतीय कृषि अनुसंधान परिषद का पूर्वी अनुसंधान परिसर,
अनुसंधान केन्द्र राँची, झारखण्ड

SSPH

सतीश सीरियल पब्लिशिंग हाउस

403, एक्सप्रेस टॉवर, वाणिज्यिक परिसर, आजादपुर, नई दिल्ली–110033
दूरभाषः 011–27672852 फेक्सः 91–11–27672046
ईमेलः info@satishserial.com, hkjain1975@yahoo.com
वैबसाईटः www.satishserial.com

Published by :

SATISH SERIAL PUBLISHING HOUSE

403, Express Tower, Commercial Complex, Azadpur, Delhi-110033 (INDIA)
Phone : 011-27672852 Fax : 91-11-27672046
E-mail : info@satishserial.com, hkjain1975@yahoo.com

ISBN 978-93-86200-12-9

Composed, Designed & Printed in India

राधा मोहन सिंह
RADHA MOHAN SINGH

सत्यमेव जयते

कृषि मंत्री
भारत सरकार
MINISTER OF AGRICULTURE
GOVERNMENT OF INDIA

प्राक्कथन

भारत की लगभग एक चौथाई आबादी अपनी जीविका के लिए वनों पर निर्भर है। इसमें देश के निर्धनतम एवं सीमान्त तबके के जनजातीय लोग भी शामिल हैं। अनुमानतः आने वाले वर्षों में कमजोर वन विषम जलवायु के प्रति और अधिक असुरक्षित हो जाएँगे। इससे वन–पारिस्थितिक तंत्रों की प्रजातियों के देशान्तरीय एवं अक्षांशीय परिवर्तन और बारम्बार दावानल, कीट एवं व्याधियों का प्रकोप तथा आक्रामक प्रजातियों के कारण वनों के विनाश एवं जैव विविधता की समाप्ति का खतरा बढ़ जायेगा।

वनों की महत्ता को ध्यान में रखते हुए यह आवश्यक है कि इसकी सघनता में अधिक गिरावट न होने पाये। इस हेतु बाँस की खेती अत्यंत महत्वपूर्ण साबित हो सकती है। बाँस एक महत्वपूर्ण कृषि–वानिकी प्रजाति भी है जो भारत की सांस्कृतिक विरासत है। जीविका सुरक्षा एवं स्थायी विकास हेतु हरित भारत के लिए गठित टास्क फोर्स की रिर्पोट, 2001 द्वारा 10 वर्षों के भीतर वन एवं कृषि–वानिकी के संयुक्त प्रबंधन पर बल दिया गया है तथा इस कार्य हेतु प्रमुख प्रजातियों में बाँस को भी सम्मिलित किया गया है।

जैविक दबाव के फलस्वरूप उत्पत्तिस्थल की अवनति एवं लगातार दोहन के कारण देश में उपलब्ध बाँस के संसाधनों का ह्रास हो रहा है। साथ ही, बाँस फलित क्षेत्रों में अधिक खरपतवार के प्रकोप के कारण बाँस के कमजोर पुनर्जनन से देश के अधिकतर बाँस–क्षेत्र घटते जा रहे हैं। देश में वैसे ही बाँस का वार्षिक उत्पादन बहुत कम है जो कि चिंता का विषय है। यदि विविध कार्यों में बाँस का इस्तेमाल इसी गति से बढ़ता गया तो भविष्य में बाँस के वनों पर दबाव बढ़ता ही जायेगा। इस दबाव को कम करने के लिए गैर–वन भूमि में भी बाँस की खेती पर जोर देने की आवश्यकता है। बाँस न केवल पर्यावरण को वनोच्छादित रखने में बल्कि पोषण सुरक्षा में भी सहायक सिद्ध हो सकता है क्योंकि बाँस की खाने योग्य प्रजातियों का

इस्तेमाल पूर्वोत्तर क्षेत्र की आदिवासी जनसंख्या द्वारा पोषण सुरक्षा के एक विकल्प के रूप में भी किया जाता है। भारत की पारम्परिक चिकित्सा पद्धति में बाँस की कई प्रजातियों का इस्तेमाल औषधीय रूप में भी किया जाता है। बाँस की विभिन्न प्रजातियों की विदेशों में निर्यात की असीम संभावनाएं हैं। ये प्रजातियाँ सब्जी, सलाद, डिब्बाबंदी, शुष्कीकरण (निर्जलीकरण), अचार इत्यादि हेतु बहुतायत से उपयोग में लायी जाती हैं।

मुझे खुशी है कि भारतीय कृषि अनुसंधान परिषद के पूर्वी अनुसंधान परिसर, पटना द्वारा **''बाँस के विविध रूप एवं उनका उपयोग''** नामक पुस्तक का प्रकाशन किया जा रहा है जिसमें न केवल बाँस की खेती हेतु विभिन्न प्रकार की तकनीकों का विवरण दिया गया है बल्कि बाँस की उन्नत प्रजातियों एवं उनकी खाद्य उपयोगिता, औषधीय गुण तथा निर्यात संभावनाओं को भी विस्तृत रूप से दर्शाया गया है जो कि निश्चित तौर पर नीति–निर्धारण में सहायक सिद्ध होगी।

मैं लेखकों को उनकी इस कृति हेतु धन्यवाद देता हूँ। मेरा विश्वास है कि यह पुस्तक नीति–निर्धारकों, कृषि से जुड़े सभी वैज्ञानिकों, शिक्षकों, छात्रों तथा प्रगतिशील किसान भाई–बहनों के लिए महत्वपूर्ण सिद्ध होगी।

(राधा मोहन सिंह)

प्रस्तावना

बाँस आदि काल से ही मानव जाति के लिए प्रकृति का अद्भुत उपहार है। निर्धनों के लिए विशेषतया यह वरदान से कम नहीं है। इस अक्षय स्रोत की उपयोगिता एवं उपलब्धता ने मानव समुदाय के सामाजिक–सांस्कृतिक तथा आर्थिक पहलू को वृहत् स्तर पर प्रभावित किया है।

बाँस उष्णकटिबंधीय से लेकर उप–पर्वतीय क्षेत्रों तक कई प्रकार की जलवायु में पाया जाता है। प्रकृति में बाँस के वृक्ष लगभग 46^0 उत्तरी एवं 47^0 दक्षिणी अक्षांश के बीच उष्ण एवं उपोष्ण कटिबंधीय क्षेत्र में होते हैं तथा ये सामान्यतः एशिया, अफ्रीका तथा मध्य एवं दक्षिणी अमेरिका में पाये जाते हैं। इसकी कुछ प्रजातियाँ यूरोप एवं उत्तरी अमेरिका के हल्के समशीतोष्ण क्षेत्रों में सफलतापूर्वक विकसित होती हैं।

बाँस अत्यन्त विविधतापूर्ण वनस्पति है जिसमें अलग–अलग मौसम एवं विभिन्न प्रकार की भूमि में विकास करने की क्षमता है। यह तेजी से बढ़ने एवं फैलने वाला, अक्षय, बहुगुणी तथा किफायती प्राकृतिक संसाधन है। छोटी प्रजातियों के बाँस केवल कुछ सेंटीमीटर के ही होते हैं तथा मध्यम प्रजातियों के बाँस कुछ मीटर तक लम्बे होते हैं जबकि विशालकाय प्रजातियों के बाँस लगभग 30 मीटर लम्बे तथा 30 सेमी. व्यास के होते हैं। बाँस के तने सामान्यतः कठोर एवं दृढ़ होते हैं। इसलिए इसके पौधे भीषण प्राकृतिक आपदाओं एवं क्षति से सुरक्षित रह पाने में सक्षम हैं। यही कारण है कि हिरोशिमा एवं नागासाकी पर परमाणु बम विस्फोट के बाद नये वानस्पतिक जीवन का संकेत बाँस की नयी शाखाओं के रुप में ही मिला था। भारत में इसे 'गरीबों की लकड़ी' चीन में 'लोगों का मित्र' तथा वियतनाम में 'भाई' के नाम से भी जाना जाता है।

भारतीय परिदृश्य में भव्य प्रतिमान के रुप में स्थापित बाँस, यहाँ के ग्रामीण समुदाय के जीवन के हर क्षेत्र में इस्तेमाल किया जानेवाला सर्वाधिक महत्वपूर्ण वन उत्पाद है। भारत 13.96 मिलियन हेक्टेयर के कुल बाँस उत्पादन क्षेत्र के साथ अग्रणी बाँस उत्पादक राष्ट्र है। एक अनुमान के अनुसार भारत में बाँस उत्पादन के कुल क्षेत्रफल में से 73.97 प्रतिशत प्राकृतिक क्षेत्र हैं एवं 25.67 प्रतिशत क्षेत्र मनुष्य

द्वारा सृजित खेती के अंर्तगत हैं। बाँस उष्णकटिबंधीय से लेकर समशीतोश्ण क्षेत्रों तथा जलोढ़ मैदानों तक देश के सभी भागों में पाये जाते हैं। केवल कश्मीर क्षेत्र इसका अपवाद है जहाँ बाँस प्राकृतिक रूप से नहीं होते हैं। बाँस के अंतर्गत अधिकतम क्षेत्र (1.61 मिलियन हेक्टेयर) अरुणाचल प्रदेश में है तथा इसके बाद मध्य प्रदे ा (1.3 मिलियन हेक्टेयर), महाराष्ट्र (1.15 मिलियन हेक्टेयर) एवं छत्तीसगढ़ (1.13 मिलियन हेक्टेयर) का स्थान है। देश के उत्तर–पूर्वी क्षेत्र में बाँस के ताजे तनों (2–15 दिन पुराने) का प्रयोग विभिन्न जनजातियों द्वारा भोजन के रूप में भी बहुतायत में किया जाता है। खाने योग्य बाँस का बहुत बड़ा अंतर्राष्ट्रीय बाजार है। यदि देश में विधिवत रूप से खाने वाले बाँस की खेती की जाये तो यह आय का महत्वपूर्ण स्रोत बन सकता है।

उत्तर–पूर्वी एवं पूर्वी क्षेत्र में बाँस की बहुतायत एवं इसके महत्व को ध्यान में रखते हुए इस पुस्तक का लेखन किया गया है। हमें विश्वास है कि यह पुस्तक नीति–निर्धारकों, विस्तार कार्यकर्त्ताओं, शोधकर्त्ताओं, विद्यार्थियों, विभिन्न राज्य सरकारों तथा प्रगतिशील किसानों को उनके वृक्षारोपण, प्रसंस्करण एवं अन्य कार्यों हेतु उपयुक्त साबित होगी।

लेखक श्री राधामोहन सिंह, माननीय कृषि एवं किसान कल्याण मंत्री, भारत सरकार का विशेष रूप से आभार व्यक्त करते हैं जिनके निर्देशानुसार इस पुस्तक का लेखन किया गया। इसके अलावा डा. खेम राज सोलंकी, डा. के.एम. वुजखरुवा तथा डा. डी.के. होर का सहयोग इस संरचना हेतु उल्लेखनीय है। लेखक शिवानी, अणिमा प्रभा, सरफराज अहमद तथा कमल कुमार लाल द्वारा इस पुस्तक के लेखन में दिये गये योगदान हेतु आभार प्रकट करते हैं।

लेखक

विषय सूची

❑❑❑

अध्याय 1

बाँस की खेती–एक प्राथमिकता

जैविक दबाब के कारण उत्पत्तिस्थल की अवनति एवं लगातार दोहन के चलते देश में उपलब्ध बाँस के संसाधनों का ह्रास हो रहा है। साथ ही, बाँस फलित क्षेत्रों में अधिक खरपतवार के प्रकोप के कारण बाँस के कमजोर पुनर्जनन से देश के अधिकतर बाँस–क्षेत्र घटते जा रहे हैं। देश में वैसे ही बाँस का वार्षिक उत्पादन बहुत कम है जो कि चिंतनीय है। आँकड़ों के आधार पर, भारत में बाँस की उत्पादकता 1 मेट्रिक टन/हेक्टेयर/वर्ष से कम रह गयी है। यदि विविध कार्यों में बाँस का इस्तेमाल इसी गति से बढ़ता गया तो भविष्य में बाँस के वनों पर दबाब बढ़ता ही जायेगा। इस दबाब को कम करने के लिए वर्तमान दौर में यह बहुत जरूरी हो गया है कि हम विशेषकर गैर–वन भूमि में बाँस की खेती पर जोर दें।

बाँस के तहत सर्वाधिक क्षेत्र पूर्वी एवं पूर्वोतर भारत में हैं जिनमें सर्वाधिक आनुवांशिक विविधता पायी जाती है (चक्रवर्ती एवं शुक्ल, 2012; मित्रा एवं मुखर्जी, 2007)। भारत में पायी जाने वाली बाँस की 126 प्रजातियों में, आधी से अधिक विविधता केवल पूर्वी एवं पूर्वोतर भारत में मिलती है। बाँस के घने जंगल इस पूरे क्षेत्र की पहचान हैं। इस क्षेत्र में बसने वाले आदिवासी समुदायों के ग्रामीण एवं सामाजिक–आर्थिक विकास में बाँस की महत्वपूर्ण भूमिका है। यहाँ के निवासी अपनी आवश्यकताओं की पूर्ति एवं तेज हवा से सुरक्षा हेतु अपने घरों के आस–पास ढेर सारे बाँस लगाते हैं। हस्तशिल्प हेतु कौशल विकास तथा अन्य व्यापक उपयोगिता के कारण बाँस ग्रामीणों के लिए रोजगार के अधिक अवसर प्रदान करने तथा बेहतर आय प्राप्ति का साधन बन सकता है। परन्तु अत्यधिक दोहन, कृषि–परिवर्तन तथा वन में आग लगने की घटनाओं के कारण प्रकृति में बाँस

की विविधता घटती जा रही है। जगह–जगह पर बाँस के उग आने एवं बाँस के वनों में खुले प्रवेश के कारण लोग बाँसों की अंधाधुंध कटाई करते हैं। सच तो यह है कि बाँस को मुफ्त की सम्पत्ति समझा जाता है जिसके कारण इसका अत्यधिक दोहन होता है। परिणामस्वरुप, कभी प्रचुर मात्रा में उपलब्ध रहने वाला यह अक्षय संसाधन आज दुर्लभ वस्तु बन गया है। बाँस की माँग एवं आपूर्ति के बीच की चौड़ी खाई को पाटने के लिए इसका उत्पादन बढ़ाने हेतु बाँस के वृक्षारोपण की ओर पर्याप्त ध्यान नहीं दिया गया है। वास्तव में, इसकी उपलब्धता का वर्तमान संकट, इसकी महत्त्वपूर्ण उपयोगिता का ही परिणाम है। बाँस की निरन्तर उपलब्धता सुनिश्चित करने के लिए एक फसल के रूप में इसकी खेती करने की आवश्यकता है।

देश के उत्तर–पूर्वी क्षेत्र, जहाँ पर झूम खेती की जाती है, ऐसी भूमि को बाँस की विभिन्न प्रजातियाँ वनाच्छादित करने में महत्वपूर्ण भूमिका निभाती हैं। झूम खेती के दो वर्ष बाद उस स्थान पर बाँस के पौधे पनपना शुरू कर देते हैं। इस प्रकार झूम खेती वाले भूभाग को प्राकृतिक संरक्षण प्रदान होता है।

❑❑❑

अध्याय 2

बाँस का भू–भौतिक आंकलन एवं समतुल्य हरित भार

भारत की 27 प्रतिशत आबादी, जिसमें 275 मिलियन ग्रामीण शामिल हैं, अपनी जीविका के लिए वनों पर निर्भर हैं। इसमें देश के निर्धनतम एवं सीमान्त तबके के 89 मिलियन जनजातीय लोग भी शामिल हैं। मौजूदा आंकलन के अनुसार, भारत के कुल भौगोलिक क्षेत्र का केवल 21.05 प्रतिशत अर्थात 69.2 मिलियन भाग ही वनों के अंतर्गत है। इसलिए कुल भौगोलिक क्षेत्र का कम से कम एक–तिहाई हिस्सा वन के अंतर्गत लाने के लिए 308 लाख हेक्टेयर अतिरिक्त क्षेत्र को वनों से आच्छादित करना अत्यावश्यक है।

भू–भौतिक आंकलन

एक अनुमान के मुताबिक (भारत राज्य वन रिपोर्ट, 2011) राष्ट्रीय स्तर पर बाँस के कल्मों की कुल संख्या 23297 मिलियन है जिनमें से हरे कल्मों, शुष्क कल्मों एवं क्षय कल्मों का प्रतिशत क्रमशः 29, 16 एवं 5 है। अधिकतर कल्म 2–5 सेमी. के हैं। कुल हरे कल्मों का वजन राष्ट्रीय स्तर पर 169 मिलियन टन है। इसी अनुमान के मुताबिक, गैर–वन क्षेत्र में राष्ट्रीय स्तर पर कुल 2120 कल्म हैं जिनका समतुल्य भार 10.20 मिलियन टन है (सारणी–1)। कल्मों की सर्वाधिक संख्या (943 मिलियन) पूर्वी मैदानी क्षेत्रों में है। दूसरा स्थान (289 मिलियन) पूर्वोत्तर क्षेत्र का है। समतुल्य भार भी पूर्वी मैदानी क्षेत्र में सर्वाधिक (4.07 मिलियन टन) है तथा इसमें दूसरा स्थान पूर्वोत्तर क्षेत्र (1.72 मिलियन टन) का है।

सारणी 1. गैर–वन (ग्रामीण) क्षेत्र में बांस वृक्षों की संख्या का क्षेत्रवार भू–भौतिक आंकलन

भू–भौतिक क्षेत्र	कुल कल्मों की संख्या (मिलियन)	समतुल्य हरित भार (मिलियन टन)
पश्चिमी हिमालय	120 (5.7%)	0.55 (5.4%)
पूर्वी हिमालय	83 (3.9%)	0.32 (3.1%)
पूर्वोत्तर	289 (13.6%)	1.72 (17.0%)
उत्तरी मैदान	57 (2.7%)	0.24 (2.4%)
पूर्वी मैदान	943 (44.5%)	4.07 (40.1%)
पश्चिमी मैदान	8 (0.4%)	0.03 (0.3%)
मध्यवर्त्ती उच्च भूमि	124 (5.8%)	0.53 (5.2%)
उत्तरी दक्कन	45 (2.1%)	0.23 (2.3%)
पूर्वी दक्कन	212 (10.0%)	0.97 (9.5%)
दक्षिणी दक्कन	16 (0.7%)	0.16 (1.6%)
पश्चिमी घाट	30 (1.4%)	0.28 (2.7%)
पूर्वी घाट	3 (0.1%)	0.02 (0.2%)
पश्चिमी तट	135 (6.4%)	0.77 (7.6%)
पूर्वी तट	55 (2.6%)	0.24 (2.4%)
कुल	**2127**	**10.13**

वन क्षेत्र निर्यात आय का 75 प्रतिशत हिस्सा गैर–इमारती वनोत्पाद (एन.टी.एफ.पी.) क्षेत्र से आता है जिसकी वृद्धि दर 5 से 15 प्रतिशत के बीच है। हरित भारत के राष्ट्रीय मिशन की एक रिपोर्ट (2010) के अनुसार, वन क्षेत्र के लगभग 77 प्रतिशत एवं 68 प्रतिशत क्षेत्र में जलवायु परिवर्तन के प्रभाव से ए–2 एवं बी–2, 3 के परिदृश्य में परिवर्तन का अनुमान है। ऐसा अनुमान लगाया गया है कि वन क्षेत्रों की वनस्पतियों में श्रेणी–4 का परिवर्तन आयेगा जो पूर्वोत्तर राज्यों में 3.5 प्रतिशत से लेकर छत्तीसगढ़ में 73 प्रतिशत तक होगा तथा पहले से कमजोर वन पारिस्थितक तंत्र विषम जलवायु के प्रति और असुरक्षित हो जाएँगे।

इससे वन–पारिस्थितिक तंत्रों की प्रजातियों के देशान्तरीय एवं अक्षांशीय परिवर्तन तथा बारम्बार दावानल, कीट एवं व्याधियों के प्रकोप तथा आक्रामक प्रजातियों के कारण वनों के विनाश एवं जैव विविधता समाप्ति का खतरा बढ़ जायेगा। भारत में अनुमानतः 14,224 मिलियन से 24,662 मिलियन वृक्ष गैर–वन क्षेत्र में हैं जो 17 मिलियन हेक्टेयर के समतुल्य क्षेत्र में फैले हुए हैं। इनसे देश में कुल

201 मिलियन टन ईंधन की लकड़ी की वार्षिक खपत का 49 प्रतिशत एवं देश में कुल इमारती लकड़ी की 64 मिलियन घन मीटर के वार्षिक खपत का 48 प्रतिशत प्राप्त होता है (सोलंकी एवं समूह, 2004)।

समतुल्य हरित भार

पूर्वी एवं पूर्वोत्तर भारत में कल्मों की मात्रा के आधार पर समतुल्य हरित वजन के अनुसार हरित कल्मों का वजन एवं शुष्क कल्मों का वजन क्रमशः 71.8 एवं 15.6 मिलियन टन है। इसका विस्तृत आंकलन सारणी–2 में दिया गया है। राज्यों में सर्वाधिक हरित कल्मों का वजन अरुणाचल प्रदेश में तथा इसके बाद मणिपुर में है। शुष्क कल्म का वजन सर्वाधिक मणिपुर में तथा इसके बाद अरुणाचल प्रदेश में है।

सारणी 2. पूर्वी एवं पूर्वोत्तर राज्यों के आकलित वनों में सुदृढ़ कल्मों के आधार पर समतुल्य हरित भार (मिलियन टन)

राज्य	हरित कल्म	शुष्क कल्म	कुल
अरुणाचल प्रदेश	12.359	2.072	14.431 (16.5%)
असम	9.985	2.301	12.286 (14.0%)
बिहार	1.023	0.394	1.417 (1.6%)
छत्तीसगढ़	1.863	0.904	2.767 (3.2%)
झारखंड	0.736	0.357	1.093 (1.2%)
मणिपुर	11.617	2.121	13.738 (15.7%)
मेघालय	6.334	1.157	7.491 (8.6%)
मिजोरम	11.150	2.037	13.187 (15.1%)
नागालैंड	6.150	1.124	7.274 (8.3%)
ओडिशा	3.336	1.404	4.740 (5.4%)
सिक्किम	0.772	0.115	0.887 (1.0%)
त्रिपुरा	4.198	0.767	4.965 (5.7%)
पूर्वी उत्तर प्रदेश	0.157	0.219	0.376 (0.4%)
पश्चिम बंगाल	2.158	0.681	2.839 (3.2%)
कुल	**71.84**	**15.65**	**87.49**

❑❑❑

अध्याय 3

क्षेत्रफल एवं राज्यवार सघनता

देश में कुल 255 मिलियन हेक्टेयर गैर–वन भूमि है जिसमें परती भूमि (वर्तमान एवं स्थायी परती समेत) भी शामिल है। जीविका सुरक्षा एवं स्थायी विकास हेतु हरित भारत के लिए गठित टास्क फोर्स की रिर्पोट, 2001 द्वारा 10 वर्षों के भीतर वन (14 मिलियन हेक्टेयर) एवं कृषि–वानिकी (28 मिलियन हेक्टेयर) के संयुक्त प्रबंधन पर बल दिया गया है। टास्क फोर्स द्वारा जिन छः प्रजातियों की पहचान कृषि–वानिकी के अंतर्गत शामिल करने हेतु की गयी है वे हैं– एकेसिया निलोटिका, बाँस प्रजाति, कैसुआरिना इक्विजिटिफोलिया, यूकेलिप्टस प्रजाति एवं प्रोसोपिस सिनेरेरिया। बाँस एक महत्वपूर्ण कृषि–वानिकी प्रजाति है जो भारत के सभी भागों की सांस्कृतिक विरासत है।

सारणी 3. पूर्वी एवं पूर्वोतर भारत के वनों मे दर्ज बाँस के क्षेत्र का राज्यवार वितरण

राज्य	बाँस क्षेत्र (मिलियन हेक्टेयर)	राज्य	बाँस क्षेत्र (मिलियन हेक्टेयर)
अरुणाचल प्रदेश	1.61 (19.3%)	नागालैंड	0.49 (5.8%)
असम	0.72 (8.6%)	ओडिशा	1.05 (12.6%)
बिहार	0.074 (0.9%)	सिक्किम	0.12 (1.4%)
छत्तीसगढ़	1.13 (13.5%)	त्रिपुरा	0.32 (3.8%)
झारखंड	0.36 (4.3%)	पूर्वी उत्तर प्रदेश	0.05 (0.6%)
मणिपुर	0.93 (11.1%)	पश्चिम बंगाल	0.10 (1.2%)
मेघालय	0.48 (5.7%)	**कुल**	**8.35**
मिजोरम	0.92 (11.0%)		

(अज्ञात, 2011)

राज्यवार सघनता

बाँस की 50 प्रतिशत से अधिक प्रजातियाँ पूर्वी एवं पूर्वोत्तर भारत अर्थात अरुणाचल प्रदेश, असम, मणिपुर, मेघालय, मिजोरम, नागालैंड, सिक्किम, त्रिपुरा एवं पश्चिम बंगाल में पायी जाती हैं (चक्रवर्ती एवं शुक्ल, 2012; होर, 1998)। एफ.एस.आई. के अनुमान के मुताबिक पूर्वी एवं पूर्वोत्तर क्षेत्र के वनों में शुद्ध, सघन एवं विरल बाँस के अंतर्गत क्रमशः 1075, 40209 एवं 33518 वर्ग किलोमीटर क्षेत्र है। राज्यवार आँकड़े नीचे सारणी–4 में दिये गये हैं। राज्यों में सर्वाधिक शुद्ध बाँस मिजोरम में तथा इसके बाद अरुणाचल प्रदेश में है। कटे बाँस का सर्वाधिक क्षेत्र छत्तीसगढ़ में तथा इसके बाद ओडिशा में है। इसी प्रकार, बाँस का पुनर्जनन भी छत्तीसगढ़ में सर्वाधिक तथा इसके बाद ओडिशा का स्थान है।

सारणी 4. पूर्वी एवं पूर्वोत्तर राज्यों के वनों में बाँस के क्षेत्रों की राज्यवार सघनता (वर्ग किलोमीटर)

राज्य	शुद्ध बाँस	सघन बाँस	विरल बाँस	बाँस हैं, परन्तु झुरमुट पूर्णतः कटे हुए	बाँस पुनर्जनन
अरुणाचल प्रदेश	217	8681	6953	144	88
असम	105	4049	2878	166	40
बिहार	1	239	393	75	31
छत्तीसगढ़	54	3046	4577	1469	2195
झारखंड	14	898	1571	509	611
मणिपुर	192	5825	3101	124	61
मेघालय	63	2815	1830	68	17
मिजोरम	226	6116	2757	104	42
नागालैंड	101	3064	1644	65	28
ओडिशा	35	2479	5230	1066	1708
सिक्किम	––	481	684	8	8
त्रिपुरा	67	2039	1079	43	18
पूर्वी उत्तर प्रदेश	––	115	239	70	61
पश्चिम बंगाल	––	362	582	58	40

❑❑❑

अध्याय 4

बाँस वृक्षारोपण हेतु आवश्यक भौतिक कारक

जलवायु

बाँस पृथ्वी के सर्वाधिक तेजी से बढ़ने वाले वृक्षों में से एक है जो 24 घण्टे में 250 सेमी. (98 इंच) तक बढ़ता है। यद्यपि यह वृद्धि दर जलवायु एवं प्रजाति पर निर्भर करती है तथा शीतोष्ण जलवायु में आमतौर पर लगाये जानेवाले कई बाँसों की वृद्धि 3–10 सेमी. (1.2–3.9 इंच) प्रतिदिन की दर से भी दर्ज की गई है जो इस बाँस की एक विशिष्टता है। बाँस उष्णकटिबंधीय एवं गर्म शीतोष्ण जलवायु में अच्छी वृद्धि करते हैं, हालांकि ये रेगिस्तानी एवं पर्वतीय क्षेत्रों की विपरीत परिस्थिति में भी उग सकते हैं। अधिकतर बाँस पूर्णतः धूप में फलते–फूलते हैं। विशेषतः विशालकाय बाँस इसका उदाहरण हैं। अधिकांश बाँस 8.8^0 सेन्टीग्रेड से 36^0 सेन्टीग्रेड पर पनपते हैं। हालांकि कुछ प्रजातियाँ दिन के उच्चतम तापमान में मुरझा जाती हैं। इसी प्रकार, कुछ प्रजातियाँ लातीनी अमेरिकी अथवा पाला एवं हिमयुक्त स्थानों पर 10,000 फुट से लेकर 12,000 फुट की ऊँचाई पर भी पनपती हैं।

वर्षा

बाँस के लिए वर्षा एक महत्वपूर्ण कारक है। अत्यधिक वर्षा (6000 मिमी. प्रति वर्ष) की स्थिति में बाँस की वृद्धि बहुत अच्छी होती है। यद्यपि बाँस की सफल खेती के लिए न्यूनतम 1000 मिमी. वार्षिक वर्षा की आवश्यकता होती है। बाँस की खेती वाले स्थानों में औसत वार्षिक वर्षा 1200 से 4000 मिमी होती है। बाँस की अच्छी वृद्धि के लिए आर्द्रता भी एक प्रमुख कारक है।

मिट्टी

बाँस विविध प्रकार की मिट्टियों में पैदा होते हैं। यद्यपि अधिकांश बाँस सूखी मिट्टी में बेहतर ढंग से वृद्धि करते हैं। यह नदी, जलोढ़ या निम्नवर्ती चट्टानों की बलुई दोमट से लेकर चिकनी दोमट में पाये जाते हैं। इनमें मिट्टी का अक्सर रंग पीला, भूरापनयुक्त पीला अथवा हल्की लालीयुक्त पीला देखा गया है। ह्यूमस की मौजूदगी से मिट्टी का रंग नीलापनयुक्त भी हो सकता है। सामान्यतः बाँस के लिए सूखी मिट्टी अच्छी होती है परन्तु यह दलदली अथवा धाराओं की गीली मिट्टी में भी पाया जा सकता है। क्षारीय मिट्टी में बाँस को उगते नहीं देखा गया तथा न ही ये चट्टानों पर उगते हैं। दोमट इनके लिए आदर्श मिट्टी है। बलुई दोमट में बाँस की वृद्धि अच्छी होती है परन्तु चिकनी दोमट में इनकी सर्वश्रेष्ठ शाखायें निकलती हैं।

❑❑❑

अध्याय 5

विविध कृषि–पारिस्थितिक क्षेत्रों में वृक्षारोपण हेतु बाँस की सम्भावित प्रजातियाँ

भारत में बाँस की ढेरों प्रजातियाँ है तथा आधी से ज्यादा प्रजातियाँ पूर्वी एवं पूर्वोत्तर क्षेत्र में पायी जाती हैं। भारत के विविध कृषि–पारिस्थितिक क्षेत्रों में वृक्षारोपण हेतु पहचान की गयी सम्भावित प्रजातियों की सूची नीचे **सारणी–5** में दी गयी है :

सारणी 5. विविध कृषि–पारिस्थितिक क्षेत्रों में वृक्षारोपण हेतु बांस की सम्भावित प्रजातियाँ

कृषि–पारिस्थितिक क्षेत्र	विवरण	स्थान एवं क्षेत्र	जलवायु	मिट्टी	रोपण हेतु उपयुक्त बाँस की प्रजाति
कृषि–पारिस्थितिक क्षेत्र 1	उथली मिट्टी की पतली परत वाला शीत शुष्क क्षेत्र	लद्दाख एवं गिलगित जिलों के क्षेत्र वाला उत्तरी हिमालय **क्षेत्रफलः** 1.2 मिलियन हक्टेयर	हल्की गर्मी एवं कड़ी ठंढ, माध्य वार्षिक तापमान 8 डिग्री सेन्टीग्रेड के नीचे, वर्षा 10 मिमी. से कम, वृद्धि अवधि 90 दिनों से कम	चूनायुक्त मिट्टी की पतली परत। प्रतिक्रिया में क्षारीय, कार्बनिक पदार्थ निम्न से मध्यम स्तर तक	पहचान बाकी
कृषि–पारिस्थितिक क्षेत्र 2	रेगिस्तानी क्षारीय मिट्टी वाला गर्म	पंजाब एवं हरियाणा के दक्षिण–पश्चिमी	भीषण गर्मी एव भीषण ठंढ, वर्षा 400 मिमी. से	बलुई, मध्यम चूनायुक्त एवं प्रतिक्रिया	पहचान बाकी

	शुष्क क्षेत्र	क्षेत्र राजस्थान एवं कच्छ प्रायद्वीप का पश्चिमी क्षेत्र गुजरात राज्य के काठियावाड़ प्रायद्वीप का उत्तरी क्षेत्र **क्षेत्रफल:** 31.9 मिलियन हेक्टेयर	कम, माध्य वार्षिक तापमान 38 डिग्री सेन्टीग्रेड, वृद्धि अवधि 90 दिनों से कम	में क्षारीय	
कृषि–पारिस्थितिक क्षेत्र 3	काली एवं लाल मिट्टी वाला गर्म शुष्क क्षेत्र	कर्नाटक के बेल्लारी, बीजापुर, रायचूर तथा आंध्र प्रदेश के अनंतपुर का दक्कन पठार का क्षेत्र **क्षेत्रफल:** 4.9 मिलियन हेक्टेयर	गर्म तथा शुष्क गर्मी एवं हल्की ठंढ, वर्षा अनियमित, 400–500 मिमी. के बीच, माध्य वार्षिक तापमान 30 डिग्री सेन्टीग्रेड से कम, वृद्धि अवधि 90 दिनों से कम	मध्यम लाल दोमट से चिकनी काली मिट्टी	*बम्बुसा बम्बोस, डेन्ड्रोकै–लेमस स्ट्रिक्टस*
कृषि–पारिस्थितिक क्षेत्र 4	जलोढ़ मिट्टी वाला गर्म अर्द्धशुष्क क्षेत्र	गुजरात का भाग, उत्तरी मैदान तथा मध्यवर्त्ती उच्च भूमि क्षेत्र **क्षेत्रफल:** 2.2 मिलियन हेक्टेयर	गर्म तथा शुष्क गर्मी एवं कड़ी ठंढ, वार्षिक वर्षा 500–1000 मिमी. के बीच, वृद्धि अवधि 90–100 दिन	बलुई, चिकनी दोमट से अति अम्लीय तक विविध मिट्टी	*बम्बुसा बम्बोस, डेन्ड्रोकै–लेमस मेम्ब्रेने–सियस, डे. स्ट्रिक्टस*
कृषि–पारिस्थितिक क्षेत्र 5	मध्यम एवं गहरी काली मिट्टी वाला गर्म अर्द्धशुष्क क्षेत्र	मध्यवर्त्ती उच्च भूमि, गुजरात का मैदानी भाग एवं काठियावाड़ प्रायद्वीप का उत्तरी क्षेत्र	गर्म तथा शुष्क गर्मी एवं शुष्क ठंढ, वार्षिक वर्षा 500–1000 मिमी. के बीच, वृद्धि अवधि 90–150 दिन	गहरी दोमट से चिकनी मिट्टी। मालवा पठार की मिट्टी चिकनी, अल्प	*बम्बुसा बम्बोस, डेन्ड्रोकै–लेमस स्ट्रिक्टस*

		क्षेत्रफलः 17.6 मिलियन हेक्टेयर		क्षारीय, चूनायुक्त तथा फूलने–सूखने गुण वाली	
कृषि–पारिस्थितिक क्षेत्र 6	हल्की एवं मध्यम काली मिट्टी वाला गर्म अर्द्धशुष्क क्षेत्र	पश्चिमी महाराष्ट्र, उत्तरी कर्नाटक तथा पश्चिमी आंध्र प्रदेश के दक्कन पठार का क्षेत्र	गर्म तथा आर्द्र गर्मी एवं शुष्क ठंढ, वार्षिक वर्षा 600–1000 मिमी. के बीच, वृद्धि अवधि 90–150 दिन	हल्की दोमट, पतली परत वाली एवं अत्यधिक चूनायुक्त से चिकनी चूनायुक्त मिट्टी। मध्यम क्षारीय।	*बम्बुसा बम्बोस, डेन्ड्रोकैलेमस स्ट्रिक्टस*
कृषि–पारिस्थितिक क्षेत्र 7	काली एवं लाल मिट्टी वाला गर्म अर्द्धशुष्क क्षेत्र	दक्कन पठार का क्षेत्र (तेलंगाना) तथा आंध्र प्रदेश के पूर्वी घाट का बड़ा क्षेत्र **क्षेत्रफलः** 16 मिलियन हेक्टेयर	गर्म तथा आर्द्र गर्मी एवं हल्की शुष्क ठंढ, वार्षिक वर्षा 600–1100 मिमी. के बीच, वृद्धि अवधि 90–150 दिन	विविधता चूनायुक्त एवं अत्यधिक क्षारीय काली मिट्टी से चूनारहित उदासीन (प्रतिक्रिया में) लाल मिट्टी के बीच	*बम्बुसा बम्बोस, डेन्ड्रोकैलेमस स्ट्रिक्टस*
कृषि–पारिस्थितिक क्षेत्र 8	दोमट मिट्टी वाला गर्म अर्द्धशुष्क क्षेत्र	पूर्वी घाट, दक्कन पठार का दक्षिणी क्षेत्र, तमिलनाडु की उच्च भूमि तथा कर्नाटक का पश्चिमी क्षेत्र	गर्म एवं शुष्क गर्मी एवं हल्की ठंढ, वार्षिक वर्षा 600–1000 मिमी. के बीच, वृद्धि अवधि 90–150 दिन	विविधता चूनारहित एवं हल्की क्षारीय मिट्टी से चूनायुक्त हल्की क्षारीय मिट्टी के बीच।	*बम्बुसा बम्बोस, ब. पॉलिमॉर्फा, डेन्ड्रोकैलेमस स्ट्रिक्टस*
कृषि–पारिस्थितिक क्षेत्र 9	जलोढ़ मिट्टी वाला गर्म उप–आर्द्र क्षेत्र	पश्चिमी हिमालय के मैदान तथा उत्तरी भारतीय–गांगेय मैदान	तप्त गर्मी एवं शीतल ठंढ, वार्षिक वर्षा 1000–1200 मिमी. के बीच, माध्य वार्षिक तापमान 22	गहरी दोमट जलोढ़, एवं अल्प कार्बनिक पदार्थयुक्त	*बम्बुसा बाल्कूआ, ब. पॉलिमॉर्फा, डेन्ड्रोकैलेमस*

		के क्षेत्र **क्षेत्रफल**:12.1 मिलियन हेक्टेयर	डिग्री सेन्टीग्रेड से अधिक, वृद्धि अवधि 150–180 दिन	मिट्टी।	*स्ट्रिक्टस डे. मेम्ब्रेने–सियस*
कृषि–पारिस्थितिक क्षेत्र 10	काली एवं लाल मिट्टी वाला गर्म उप–आर्द्र क्षेत्र	मालवा पठार, बुंदेलखण्ड पठार, नर्मदा घाटी, विंध्य की सीधी ढाल भूमि तथा महाराष्ट्र पठार का सीमान्त क्षेत्र	तप्त गर्मी एवं हल्की ठंढ, वार्षिक वर्षा 1000–1500 वर्षा 1000–1500 गमिट्टी का माध्य वार्षिक तापमान 22 डिग्री सेन्टीग्रेड से अधिक, वृद्धि अवधि 180–210 दिन	लाल मिट्टी के बिखरे धब्बों से युक्त मध्यम एवं गहरी काली मिट्टी।	*बम्बुसा पॉलिमॉर्फा, ब. वल्गैरिस, सिफैलोस्–टैकियम परग्रेसाइल, डेन्ड्रोकै–लेमस स्ट्रिक्टस*
कृषि–पारिस्थितिक क्षेत्र 11	लाल एवं पीली मिट्टी वाला गर्म उप–आर्द्र क्षेत्र	छत्तीसगढ़ तथा झारखंड की दक्षिण–पश्चिमी उच्च भूमि वाला पूर्वी पठारी क्षेत्र **क्षेत्रफल**: 14.1 मिलियन हेक्टेयर	तप्त गर्मी एवं शीतल ठंढ, वार्षिक वर्षा 1200–1600 मिमी. के बीच, मिट्टी का माध्य वार्षिक तापमान 22 डिग्री सेन्टीग्रेड से अधिक, वृद्धि अवधि 150–210 दिन	मिट्टी गहरी दोमट चूनारहित तथा प्रतिक्रिया में उदासीन से हल्की अम्लीय के बीच।	*बम्बुसा बाल्कूआ, ब. न्यूटेन्स, ब. पॉलिमॉर्फा, ब. टुल्डा, ब. वल्गैरिस, डेन्ड्रोकै–लेमस जाइगै–न्टियस, डे. लौंगिस्पैथस, डे. स्ट्रिक्टस*
कृषि–पारिस्थितिक क्षेत्र 12	लैटराइट मिट्टी वाला गर्म उप–आर्द्र क्षेत्र	झारखंड का छोटानागपुर का पठारी क्षेत्र, पश्चिमी बंगाल का पश्चिमी क्षेत्र, ओडिशा एवं मध्य प्रदेश के बस्तर का पूर्वी घाट क्षेत्र **क्षेत्रफल**:	तप्त गर्मी एवं शीतल ठंढ, वार्षिक वर्षा 1000–1600 मिमी. के बीच, वृद्धि अवधि 150–210 दिन	मिट्टी चिकनी दोमट से चिकनी के बीच, चूनारहित, हल्की से मध्यम अम्लीय तथा धनायन विनिमय	*बम्बुसा बाल्कूआ, ब. न्यूटेन्स, ब. टुल्डा, ब. वल्गैरिस, डेन्ड्रोकै–लेमस जाइ–गैन्टियस, डे. लौंगिस्पैथस,*

		26.8 मिलियन हेक्टेयर		क्षमता निम्न	*ऑक्सी–टेनेन्थेरा पर्विफ्लोरा*
कृषि–पारिस्थितिक क्षेत्र 13	जलोढ़ मिट्टी वाला गर्म उप–आर्द्र (नम) क्षेत्र	मध्य हिमालय की निचली पहाड़ियों समेत पूर्वोत्तर उत्तर प्रदेश तथा उत्तरी बिहार क्षेत्र	गर्म तथा आर्द्र गर्मी एवं शीतल शुष्क ठंढ, वार्षिक वर्षा 1400–1600 मिमी. के बीच, मिट्टी का माध्य वार्षिक तापमान 22 डिग्री सेन्टीग्रेड से अधिक, वृद्धि अवधि 180–210 दिन	मिट्टी गहरी दोमट, कार्बनिक पदार्थ अत्यधिक मात्रा में	*अरुंडिनेरिया* प्रजाति, *डेन्ड्रोकैलेमस जाइगैन्टियस, डे. हैमिल्टोनी*
कृषि–पारिस्थितिक क्षेत्र 14	भूरे वन एवं पॉडजॉलिक मृदा वाले प्रारम्भिक आर्द्र क्षेत्र युक्त उष्ण उप–आर्द्र से आर्द्र (नम) क्षेत्र	पश्चिमी हिमालय के क्षेत्र में जम्मू, कश्मीर, हिमाचल प्रदेश एवं उत्तरांचल की पहाड़ियाँ	हल्की गर्मी एवं शीतल ठंढ, वार्षिक वर्षा 1000–2000 मिमी. के बीच, मिट्टी का माध्य वार्षिक तापमान 12 से 20 डिग्री सेन्टीग्रेड के बीच	तराई पट्टी की मिट्टी गहरी दोमट। प्रतिक्रिया में उदासीन से हल्की क्षारीय के बीच	*डेन्ड्रोकैलेमस हूकेरी*
कृषि–पारिस्थितिक क्षेत्र 15	जलोढ़ मिट्टी वाला गर्म उप–आर्द्र (नम) से आर्द्र क्षेत्र	असम, पश्चिम बंगाल का ब्रह्मपुत्र एवं गंगा का मैदान, असम का दक्षिणी गड्ढेदार क्षेत्र	तप्त गर्मी एवं शीतल हल्की से मध्यम शीतल ठंढ, वार्षिक वर्षा 1400–2000 मिमी. के बीच, वृद्धि अवधि 210 दिन से अधिक	इस क्षेत्र की भूमि को सामान्यतः समतल से धीमे ढाल वाली हैप्लाक्वेल्फ, हैप्लूडाल्फ, डिस्ट्रोक्रेप्ट्स, यूट्रोक्रेप्ट्स एवं फ्लूवाक्–वेन्ट्स समूह की मिट्टी से पहचाना जाता है।	*बम्बुसा बाल्कूआ, ब. यूटेन्स, ब. पेलिडा, ब. टुल्डा, ब. वल्गैरिस, डेन्ड्रोकैलेमस जाइगैन्टियस, डे. हैमिल्टोनी, डे. लौंगिस्पैथस, डे. मेम्ब्रेनेसियस*

कृषि–पारिस्थितिक क्षेत्र 16	लाल पहाड़ी मिट्टी वाला उष्ण आर्द्र क्षेत्र	पश्चिम बंगाल का उत्तरी पहाड़ी क्षेत्र, असम, अरुणाचल प्रदेश एवं सिक्किम के उत्तरी भाग **क्षेत्रफलः** 9.6 मिलियन हेक्टेयर	तप्त गर्मी एवं शीतल ठंढ, माध्य वार्षिक वर्षा 2000 मिमी. से अधिक, वृद्धि अवधि 270 दिन से अधिक	मिट्टी छिछली से मध्यम छिछली, दोमट, भूरी वन मिट्टी से गहरी अत्यधिक कार्बनिक पदार्थयुक्त। प्रतिक्रिया में हल्की क्षारीय।	*अरुंडिनेरिया* प्रजाति, *बम्बुसा बाल्कूआ, ब. न्यूटेन्स, ब. पेलिडा, ब. वल्गैरिस, डेन्ड्रोकै–लेमस हैमिल्टोनी, डे. हूकेरी, फाइलो–स्टिकिस बम्बुसाइड्स, फा. प्यूबेसेन्स*
कृषि–पारिस्थितिक क्षेत्र 17	लाल एवं लैटराइट मिट्टी वाले प्रारम्भिक उष्ण आर्द्र क्षेत्र युक्त	नागालैंड, मेघालय, मणिपुर, मिजोरम एवं दक्षिणी त्रिपुरा के पर्वतीय राज्य **क्षेत्रफलः** 10.6 मिलियन हेक्टेयर	तप्त गर्मी एवं शीतल ठंढ, माध्य वार्षिक वर्षा 2000 से 3000 मिमी. के बीच, वृद्धि अवधि 270 दिन से अधिक	इस क्षेत्र की मुख्यतः छिछली से अत्यधिक गहरी दोमट, लाल–लैटराइट एवं पीली–लैटराइट मिट्टी	*अरुंडिनेरिया* प्रजाति, *बम्बुसा बाल्कूआ, ब. न्यूटेन्स, ब. पॉलिमॉर्फा, ब. वल्गैरिस, ब. टुल्डा, डेन्ड्रोकै–लेमस जाइगै–न्टियस, डे. हैमिल्टोनी, डे. लौंगिस्पैथस, ऑक्सी टेनेन्थेरा पर्विफ्लोरा*
कृषि–पारिस्थितिक क्षेत्र 18	तटीय जलोढ़ मिट्टी वाले गर्म उप–आर्द्र	कन्याकुमारी से गंगा के मुहाने तक फैले	उप–आर्द्र से अर्द्धशुष्क के बीच विविधतापूर्ण जलवायु।	सह्याद्रि के पार्श्व अनुवात, लाल एवं लैटराइट	*बम्बुसा बम्बोस, ब. न्यूटेन्स, डेन्ड्रोकै–*

	से अर्द्ध शुष्क क्षेत्र	दक्षिण–पूर्वी तटीय मैदान **क्षेत्रफलः** 8 मिलियन हेक्टेयर	अर्द्धशुष्क क्षेत्रों में माध्य वार्षिक वर्षा 900 से 1100 मिमी. के बीच, वृद्धि अवधि 90–150 दिन। उप–आर्द्र क्षेत्रों में माध्य वार्षिक वर्षा 1200 से 1600 मिमी. के बीच, वृद्धि अवधि 150–210 दिन	मिट्टी तथा तटीय भागों में जलोढ़ मिट्टी	*लेमस स्ट्रिक्टस*
कृषि–पारिस्थितिक क्षेत्र 19	लाल लैटराइट एवं जलोढ़ मिट्टी वाले गर्म प्रारम्भिक आर्द्र क्षेत्र	पश्चिम घाट तथा सह्याद्रि, महाराष्ट्र, कर्नाटक, केरल के तटीय मैदान तथा तमिलनाडु की नीलगिरि पहाड़ियाँ	गर्म एवं आर्द्र गर्मी तथा उष्ण शीत ऋतु, माध्य वार्षिक तापमान 25 से 28 डिग्री सेन्टीग्रेड के बीच। माध्य वार्षिक वर्षा 2000 मिमी. से अधिक, वृद्धि अवधि 150–210 दिन	सह्याद्रि के किनारे–किनारे, लाल एवं लैटराइट मिट्टी तथा तटीय भागों में जलोढ़ मिट्टी	*बम्बुसा बाल्कूआ, ब. बम्बोस, ब. न्यूटेन्स, ब. पॉलिमॉर्फा, ब. टुल्डा, ब. वल्गैरिस, डेन्ड्रोकै–लेमस ब्रान्डिसाइ, डे. हैमिल्टोनी, डे. लौंगिस्पैथस, ऑक्सी–टेनेन्थेरा पर्विफ्लोरा*
कृषि–पारिस्थितिक क्षेत्र 20	लाल दोमट तथा बलुई मिट्टी वाले गर्म आर्द्र / उप–आर्द्र क्षेत्र	पूर्व में अंडमन–निकोबार द्वीप समूह तथा पश्चिम में लक्षद्वीप	उष्णकटिबंधीय जलवायु, ग्रीष्म एवं शीत ऋतु, के माध्य तापमान में मामूली अंतर। माध्य वार्षिक वर्षा 1600 से 3000 मिमी. के बीच, से अधिक, वृद्धि अवधि	अंडमन–निकोबार द्वीप समूह की गहरी लाल दोमट है। लक्षद्वीप की मिट्टी काफी चूनायुक्त एवं	*बम्बुसा बाल्कूआ, ब. न्यूटेन्स, ब. पॉलिमॉर्फा, ब. टुल्डा, ब. वल्गैरिस, डेन्ड्रोकै–लेमस*

	210 दिन से अधिक	बलुई है।	*ब्रान्डिसाइ, डे. हैमिल्टोनी, डे. लौंगिस्पैथस, ऑक्सी–टेनेन्थेरा पर्विफ्लोरा*

(पटेरिया एवं समूह, 2003 (सोलंकी एवं समूह, 2004)

❑❑❑

अध्याय 6

बाँस की वृद्धि

बाँस का पौधा एक भूमिगत अक्ष के ऊपर भूमि पर बाह्य अक्ष से बना होता है। भूमिगत अक्ष में प्रकंद (राइजोम), जड़ें एवं कलिकायें शामिल होती हैं। भूमि से बाह्य अक्ष में तने, शाखायें एवं पत्ते होते हैं। प्रकंद पर उगी कलियाँ तने के रूप में भूमि से उभरती हैं। नयी शाखा मुख्य तने या कल्म के रूप में उर्ध्वाधर बढ़ती जाती हैं जब तक कि वे अपनी पूरी ऊँचाई प्राप्त न कर लें। एक वृद्धि–ऋतु में कल्म पूर्णतः विकसित हो जाते हैं। बड़े बाँस की प्रजातियों में, कल्म तीन महीनों में 20 मीटर से अधिक की ऊँचाई प्राप्त कर सकते हैं।

बाँस का कल्म बेलनाकार होता है तथा यह डायफ्राम अथवा संधियों (गाँठों) द्वारा विभाजित होता है। दो गाँठों के बीच का भाग (पर्व) कुछ प्रजातियों में खोखला परन्तु अन्य में ठोस होता है। ये कल्म प्रत्येक संधि से जुड़े आवरण (शीथ) द्वारा रक्षित रहते हैं। कल्म में धीरे–धीरे शाखायें और पत्तियाँ विकसित होती हैं। जब यह पूर्ण विकसित हो जाता है, तो यह लिग्निन के जमाव द्वारा कठोर एवं मजबूत हो जाता है। बाँस के तने की मोटाई में प्रतिवर्ष वृद्धि नहीं होती है। अन्य वृक्षों की तरह बाँस में द्वितीयक एवं परिपक्वता के साथ प्रतिवर्ष नयी एवं बड़ी शाखायें तब तक निकलती रहती हैं जब तक की उस प्रजाति का अधिकतम आकार प्राप्त न हो जाए। तने का जीवन भिन्न–भिन्न प्रजातियों में भिन्न होता है। सामान्यतः एक तना 3 से 4 वर्ष में पूर्णतः परिपक्व हो जाता है। जैसे–जैसे परिपक्व तने पुराने होते हैं, वे खराब होकर मरते और अंततः सड़ते जाते हैं। हालाँकि बाँस का जीवन नयी शाखाओं एवं तनों में पुनः कायम हो जाता है।

बाँस का वन संवर्द्धन (सिल्विकल्चर) हेतु प्रबंधन, इसके वृद्धि के तरीकों, खासतौर से भूमिगत प्रकंद से नये तनों के विकास पर आधारित है। एक अच्छे

प्रबंधन में चुने हुए परिपक्व तनों की नियमित कटाई कर फसल काटना उपयोगी एवं महत्वपूर्ण होता है। परिपक्व तनों को हटाते रहने से पौधे की शक्ति बनी रहती है तथा नयी शाखायें लगातार निकलती रहती हैं। बाँसों में कंद निर्माण की दो विधियाँ प्रचलित हैं: एक–झुरमुट वाले कंद तथा दूसरे–फैलने वाले (रनिंग) या लत्तीदार (क्रीपिंग) कंद। झुरमुट वाले बाँस के प्रकंदों में एकाक्षिक (मोनोपोडियल) शाखन पाया जाता है। संधिताक्षी (सिम्पोडियल) शाखन में अक्ष की प्रत्येक शाखा प्रमुख होती है। इसमें नये प्रकंद ऊपर की ओर बढ़कर नये तने का रूप ले लेते हैं। दूसरी ओर एकाक्षिक प्रकंद में एक ही प्रभावी भूमिगत तना अथवा अक्ष होता है जिससे द्वितीयक तने का विकास होता है। द्वितीयक तने पार्श्व रूप में अथवा उर्ध्वाधर विकास कर कल्म बनाते हैं। संधिताक्षी बाँस का पार्श्व विस्तार सैकड़ों मीटर तक हो सकता है।

यद्यपि 'सिम्पोडियल' एवं 'मोनोपोडियल' शब्दों से प्रकंदों की अकारिकी एवं व्यवहार का बोध होता है तथापि नामकरण पद्धति के विशेषज्ञों द्वारा इन शब्दों का प्रयोग न केवल प्रकंद बल्कि बाँस वृक्ष के सभी भागों के प्रशाखन का वर्णन करने में किया जाता है। नामकरण विशेषज्ञों ने दो मुख्य प्रकार के प्रकंदों की अकारिकी के वर्णन हेतु 'पैकीमार्फ' (स्थूलरूपी) एवं 'लेप्टोमार्फ' (अल्परूपी) शब्दों को चुना है। सभी काष्ठीय बाँसों में, प्रकंदों का शाखन किसी भी प्रकार का हो, कल्म का शाखन एकाक्षिक होता है। उष्णकटिबंधीय झुरमुट वाले बाँस वृक्षों में संधिताक्षी शाखन पाया जाता है परन्तु कल्म का शाखन एकाक्षिक प्रकार का होता है। कुछ ऐसे भी बाँस हैं जिनके प्रकंदों में एकाक्षिक एवं संधिताक्षी के संयुक्त प्रकार का शाखन पाया जाता है, जिसे उभयाक्षी (ऐम्फीपोडियल) शाखन के नाम से जाना जाता है। पैकीमार्फ प्रकंद में सदैव संधिताक्षी षाखन पाया जाता है। लेप्टोमार्फ प्रकंदों में साधारणतः एकाक्षिक शाखन पाया जाता है, परन्तु कल्ले फूटने की अवस्था में शाखन उभयाक्षी हो जाता है। हालाँकि एक अन्य प्रकार का प्रकंद तंत्र 'ऐम्फीमार्फ' भी है जिसमें लेप्टोमार्फ एवं पैकीमार्फ दोनों की विशेषतायें पायी जाती हैं तथा जो उभयाक्षी शाखन का प्रदर्शन भी करते हैं।

नामकरण विशेषज्ञों द्वारा 5 प्रकार के प्रकंद तंत्रों की पहचान की गयी है जिनके नाम हैं–(1) सरल पैकीमार्फ, (2) दीर्घग्रीव (लाँग नेक) पैकीमार्फ, (3) सरल लेप्टोमार्फ, (4) टिलरिंग लेप्टोमार्फ एवं (5) ऐम्फीमार्फ। लघुग्रीवा एवं दीर्घग्रीवा पैकीमार्फ, दोनों प्रकंदों में संधिताक्षी शाखन पाया जाता है। दूसरी ओर सरल लेप्टोमार्फ प्रकंद में सदैव एकाक्षिक शाखन पाया जाता है। टिलरिंग लेप्टोमार्फ प्रकंद

उष्णकटिबंधीय काष्ठीय बाँस में नहीं देखे गए हैं। उष्णकटिबंधीय काष्ठीय बाँसों में सामान्यतः पैकीमार्फ अथवा लेप्टोमार्फ प्रकंद तंत्र पाये जाते हैं।

उष्णकटिबंधीय झुरमुट वाले बाँसों के प्रकंद लघुग्रीवा पैकीमार्फ प्रकार के होते हैं। पैकीमार्फ बाँस को उनके जगह–जगह फैले विरल झुरमुटों से पहचाना जा सकता है। उदाहरण के लिए *डेन्ड्रोकैलेमस जाइगैन्टियस* गठीला एवं गहन गुच्छेदार झुरमुट बनाता है। *यूषानिया अल्पाइना* बाँस रनिंग प्रजाति जैसा भ्रम पैदा करता है जो वास्तव में एक विरल झुरमुट वाला दीर्घग्रीवा प्रकंदयुक्त बाँस है। आर्थिक महत्व वाले बाँस का एक अन्य उदाहरण *मेलोकाना बेस्सिफेरा* है जो अत्यंत दीर्घग्रीवा प्रकंद वाला पैकीमार्फ बाँस है। यह पूर्वोत्तर भारत एवं बर्मा (म्यांमार) की प्रजाति है।

पैकीमार्फ बाँस जहाँ झुरमुट के रूप में सिमटे रहते हैं वहीं लेप्टोमार्फ बाँस विशाल क्षेत्र में फैले होते हैं। उष्णकटिबंधीय क्षेत्र के कई भागों में लगायी जाने वाली *फाइलोस्टिकिस ऑरिया* लेप्टोमार्फ प्रकंद वाला एक रनिंग बाँस है। *फाइलोस्टिकिस* वंश के सभी बाँस लेप्टोमॉर्फ प्रकंद वाले होते हैं। इसकी एक प्रजाति *फाइलोस्टिकिस प्यूबेसेन्स* अत्यंत उपयोगी एवं आर्थिक रूप से महत्वपूर्ण है जो चीन एवं जापान के उपोष्ण क्षेत्रों में होती है परन्तु उष्णकटिबंधीय क्षेत्रों में अधिक नहीं उग पाती।

❑❑❑

अध्याय 7

बाँस की मुख्य प्रजातियाँ

विश्व भर में बाँस के 75 वंशों के अंतर्गत इसकी 1250 से अधिक प्रजातियाँ हैं। भारत में 24 वंशों के अंतर्गत बाँस की 138 प्रजातियाँ फैली हुई हैं। बाँस की प्रजातियों की विविधिता में भारत का स्थान चीन (300 प्रजातियाँ) तथा जापान (237 प्रजातियाँ) के पश्चात् तीसरा है। भारत में पूर्वोत्तर पवर्तीय क्षेत्र में सर्वाधिक प्रजाति विविधता पाई जाती है (भट्ट एवं समूह, 2006)। भारत में उपलब्ध पादप प्रजातियों में से लगभग आधी प्रजातियाँ देश के इस भू–भाग में उपलब्ध हैं। पूर्वात्तर पर्वतीय क्षेत्र के 7 राज्यों में बाँस के अंतर्गत सर्वाधिक क्षेत्र मिजोरम (30.8 प्रतिशत) में हैं जबकि मेघालय (26 प्रतिशत) का स्थान इसके पश्चात् आता है। इस क्षेत्र के जनजातीय समुदाय के लोग इस क्षमतावान संसाधन का उपयोग खाद्य, आवास, फर्नीचर, हस्त उद्योग, दवाओं तथा विविध प्रकार के धार्मिक उद्देश्यों के लिए करते हैं। कम अवधि में तैयार होने तथा लगातार आमदनी के कारण यह संसाधन कृषि वानिकी के लिए भी बहुत उपयोगी पाया गया है।

बाँस भारत में कश्मीर घाटी को छोड़कर लगभग सभी राज्यों में पाये जाते हैं। बाँस की 138 प्रजातियों वाले 24 वंशों में से 8 वंश (32 प्रजातियाँ) प्रायद्वीपीय भारत विशेषतः पश्चिमी घाट एवं अन्य पश्चिमी तथा पूर्वोत्तर राज्यों में फैले हैं। भारत में पाये जाने वाले बाँस के महत्वपूर्ण वंश हैंः *अरुंडिनेरिया, बम्बुसा, सिफैलोस्टैकियम, चिमोनोबम्बुसा, डेन्ड्रोकैलेमस, डिनोक्लोआ, जिगैन्टोक्लोआ, इंडोकैलेमस, मेलोकाना, नियोहॉजिया, ऑक्लैण्ड्रा, ऑक्सीटेनेन्थेरा, फाइलोस्टिकिस, प्लीबोब्लास्टस, स्यूडोस्टैकियम, स्यूडोजाइटेनेन्थेरा, साइजोस्टैकियम, सेमीअरुंडिनेरिया, सिनोबम्बुसा, टीनोस्टैकियम* तथा *थैम्नोकैलेमस*। भारत में मणिपुर राज्य में बाँस की सर्वाधिक विविधता पाई जाती है। इसके बाद अरुणाचल प्रदेश का स्थान है।

बाँस की प्रजातियों से भरपूर राज्यों की स्थिति इस प्रकार है (**सारणी–6**):

सारणी 6. बाँस की प्रजातियों की राज्यवार संख्या

क्रम संख्या	**राज्यवार विवरण**	**प्रजातियों की संख्या**
1.	मेघालय	46–50
2.	अरुणाचल प्रदेश	47
3.	मणिपुर	41
4.	असम	40
5.	मिजोरम	33
6.	सिक्किम	29–30
7.	पश्चिम बंगाल	32
8.	नागालैंड	32
9.	केरल	24
10.	अंडमान	24
11.	त्रिपुरा	20
12.	बिहार	19
13.	ओडिशा	13
14.	झारखंड	11
15.	कर्नाटक	10
16.	छत्तीसगढ़	9
17.	हिमाचल प्रदेश	8
18.	मध्य प्रदेश	8
19.	महाराष्ट्र	8

भारत में उपलब्ध बाँस की 50 प्रतिशत से ज्यादा प्रजातियाँ (74 प्रभेद) देश में स्थानिक हैं। यह अनुमान, यद्यपि, अस्थायी है क्योंकि हाल के वर्षों में भारत में दर्जनों नयी प्रजातियाँ पायी गयी हैं और उनकी दूसरे देशों में उपस्थिति का अब तक पता नहीं लगाया गया है। बाँस के प्रमुख स्थानिक क्षेत्र इस प्रकार हैं:–

- उत्तर–पूर्वी भारत – 41 प्रजातियाँ
- पश्चिमी घाट एवं प्रायद्वीपीय भारत – 14 प्रजातियाँ एवं 3 प्रभेद
- उत्तर–पश्चिम एवं मध्य हिमालयी क्षेत्र – 6 प्रजातियाँ
- अंडमान और निकोबार द्वीपसमूह – 5–6 प्रजातियाँ

बहुत सारी प्रजातियों में स्थानिक प्रजातियों का संयोजन पाया जाता हैः–

- *बम्बुसा* – 36 में से 16 प्रजातियाँ
- *ऑक्लैण्ड्रा* – 11 प्रजातियाँ
- *डेन्ड्रोकैलेमस* – 18 में से 6 प्रजातियाँ
- *ऑक्सीटेनेन्थेरा* – 5 में से 3 प्रजातियाँ
- *साइजोस्टैकियम* – 5 में से 4 प्रजातियाँ
- *यूषानिया* – 9 में से 5 प्रजातियाँ
- *सिफैलोस्टैकियम* – 8 में से 4 प्रजातियाँ
- *ड्रेपैनोस्टैकियम* – 6 में से 5 प्रजातियाँ
- *चिमोनोकैलेमस* – 4 में से 2 प्रजातियाँ
- *मेलोकैलेमस* – 5 में से 3 प्रजातियाँ
- *डिनोक्लोआ, टीनोस्टैकियम* और *थैम्नोकैलेमस* – दोनों प्रजातियाँ
- *नियोमाइक्रोकैलेमस* – 2 में से 1 प्रजाति
- *इंडोकैलेमस* – 3 में से 1 प्रजाति
- *चिमोनोबम्बुसा, स्टैप्लेटोनिया* एवं *फाइलोस्टिकिस* – एक–एक प्रजाति

राज्यवार बाँस की मुख्य प्रजातियों का विवरण

विभिन्न पूर्वोत्तर राज्यों में पाई जानेवाली बाँस की प्रमुख प्रजातियाँ इस प्रकार हैंः–

सारणी 7. पूर्वोत्तर राज्यों में बाँस की प्रमुख प्रजातियाँ

क्र.सं.	राज्य	प्रमुख बाँस प्रजातियाँ
1.	अरुणाचल प्रदेश	*अरुंडिनेरिया ग्रैसिलिस, अ. मलिंग, अ. रेसीमोसा, चिमोनोबम्बुसा कैलोसा, जाइगैन्टोक्लोआ अल्बोसिलिएटा, डेन्ड्रोकैलेमस जाइगैन्टियस, डे. हैमिल्टोनी, डे. हूकेरी, डे. पैटेलेरिस, डे. साहनी, डे. सिक्किमेन्सिस, थाइरोस्टैकिस ओलिवेरी, था. रेजिया, थैम्नोकैलेमस एरिस्टैटस, प्लीबोब्लास्टस साइमोनी, फाइलोस्टिकिस असामिका, फा. मानी, बम्बुसा बाल्कूआ, ब. लॉन्गिस्पिक्यूलेटा, ब. मल्टीप्लेक्स, ब. न्यूटेन्स, ब. पेलिडा, ब. पॉलिमॉर्फा, ब. टुल्डा, ब. वल्गैरिस, ब. वामिन, मेलोकाना बेसिफेरा, साइजोस्टैकियम*

		अरुणाचैलेन्सिस, सा. फुषियानम, सा. हेलफेरी, सा. लैटिफोलियम, सा. पैलिडम, सा. परग्रेसाइल, सा. पॉलिमॉर्फम, सिनअरुंडिनेरिया एलिगान्स, सि. ग्रिफिथियाना, सि. हिरसुटा, सि. हूकेरियाना, सि. इंटरमीडिया, सि. पंतलिंगी तथा *सि. सबइरेक्टा*
2.	असम	*जाइगैन्टोक्लोआ मैक्रोस्टैकिआ, डिनोक्लोआ कॉम्पैक्टिफ्लोरा, डि. ग्रैसिलिस, डि. इंडिया, डि. मैक्लेलैन्डी, डेन्ड्रोकैलेमस जाइगैन्टियस, डे. हैमिल्टोनी, डे. लौंगिस्पैथस, डे. स्ट्रिक्टस, फाइलोस्टिकिस असामिका, बम्बुसा बाल्कूआ, ब. बम्बोस, ब. न्यूटेन्स, ब. पेलिडा* एवं *ब. टुल्डा, ब. ऑरिक्यूलेटा, ब. कैकारेन्सिस, ब. जैयन्तियाना, ब. मास्टरसी, ब. पॉलिमॉर्फा, ब. स्यूडोपेलिडा, ब. टेरेस, ब. वल्गैरिस, बम्बुसाप्रजाति, मेलोकाना बेस्सिफेरा, साइजोस्टैकियम डुलूआ, सा. ग्रिफिथी, सा. परग्रेसाइल* तथा *सा. पॉलिमॉर्फम*
3.	उत्तर बिहार	*डेन्ड्रोकैलेमस जाइगैन्टियस, बम्बुसा बम्बोस, ब. न्यूटेन्स, ब. बाल्कूआ, ब. स्ट्रिक्टा* तथा *मेलोकाना बेस्सिफेरा*
4.	छत्तीसगढ	*जाइगैन्टोक्लोआ बस्टारिएना, डेन्ड्रोकैलेमस स्ट्रिक्टस* तथा *बम्बुसा वल्गैरिस*
5.	झारखंड	*जाइगैन्टोक्लोआ एट्रोविओलेसिया, डेन्ड्रोकैलेमस स्ट्रिक्टस, बम्बुसा न्यूटेन्स, ब. बम्बोस, ब. बाल्कूआ, ब. टुल्डा, ब. वल्गैरिस, ब. स्ट्रिक्टा* तथा *ब. वामिन*
6.	मिजोरम	*चिमोनाबम्बुसा कैलोसा, जाइगैन्टोक्लोआ अल्बोसिलिएटा, डिनोक्लोआ कॉम्पैक्टिफ्लोरा, डेन्ड्रोकैलेमस हैमिल्टोनी, डे. लौंगिस्पैथस, डे. सिक्किमेन्सिस, डे. हूकेरी, डे. स्ट्रिक्टस, बम्बुसा खासियाना, ब. टुल्डा, ब. लौन्गिस्पिक्यूलेटा, ब. ओलिवेरियाना, ब. वल्गैरिस, मेलोकाना बेस्सिफेरा, रेसिमोबम्बोस मानी, स्यूडोस्टैकियम पॉलिमॉर्फम, साइजोस्टैकियम कैपिटैटम, सा. डुलूआ, सिनअरुंडिनेरिया इंटरमीडिया, सि. ग्रिफिथियाना* तथा *सि. लौंगिस्पिक्यूलेटा*
7.	नागालैंड	*चिमोनाबम्बुसा कैलोसा, टीनोस्टैकियम डुलूआ, डेन्ड्रोकैलेमस हैमिल्टोनी, डे. हूकेरी, डे. जाइगैन्टियस, डे. कैलोस्टैकियस, नियोमाइक्रोकैलेमस प्राइनी, बम्बुसा टुल्डा, ब. बाल्कूआ, ब. पेलिडा, मेलोकाना बेस्सिफेरा, साइजोस्टैकियम पॉलिमॉर्फम, सा. फुषियानम, सिनअरुंडिनेरिया ग्रिफिथियाना, सि. एलिगान्स, सि. रोलोआना* तथा *सि. नागालैंडियाना*
8.	ओडिशा	*जाइगैन्टोक्लोआ रोस्ट्रैटा, डेन्ड्रोकैलेमस स्ट्रिक्टस, डे. जाइगैन्टियस, डे. लौंगिस्पैथस, थाइरोस्टैकिस ओलिवेरी, थाइरोस्टैकिस रेजिया, बम्बुसा बम्बोस, ब. वल्गैरिस, ब. न्यूटेन्स, ब. टुल्डा, ब. स्ट्रिएटा, ब. वामिन* तथा *साइजोस्टैकियम परग्रेसाइल*
9.	सिक्किम	*अरुंडिनेरिया रेसीमोसा, अ. सबइरेक्टा, चिमोनोबम्बुसा क्वाड्रांगुलेरिस, टीनोस्टैकियम फैल्कोनेरी, डिकम्पोजिटाप्रजाति, डेन्ड्रोकैलेमस हैमिल्टोनी, डे. हूकेरी, डे. पैटेलेरिस, डे. सिक्किमेन्सिया, थैम्नोकैलेमस एरिस्टैटस,*

		नियोहॉजियस डुलुआ, फाइलोस्टिकिस इड्यूलिस, बम्बुसा न्यूटेन्स, ब. पेलिडा, ब. टुल्डा, ब. वल्गैरिस, स्यूडोस्टैकियम पॉलिमॉर्फम, सिफैलोस्टैकियम कैपिटैटम, सि. फुषियानम, सि. लैटिफॉर्नम, सि. हूकेरियाना, सि. इंटरमीडिया, सि. पॉलीस्टैकिया तथा *सेमिअरुंडिनेरिया पतिंग्ली*
10.	त्रिपुरा	*जाइगैन्टोक्लोआ रोस्ट्रैटा, डेन्ड्रोकैलेमस लौंगिस्पैथस, डे. हैमिल्टोनी, डे. स्ट्रिक्टस, बम्बुसा बाल्कूआ, ब. पॉलिमॉर्फा, ब. टुल्डा, ब. न्यूटेन्स, ब. टेरेस, ब. पेलिडा, ब. एफिनिस, मेलोकाना बेस्सिफेरा, मेलोकैलेमस कॉम्पैक्टिफ्लोरस, साइजोस्टैकियम डुलूआ,* ईष, जय, बम्बोस, साइरिल तथा बोसाई
11.	पूर्वी उत्तर प्रदेश	*डेन्ड्रोकैलेमस स्ट्रिक्टस*
12.	पश्चिम बंगाल	*अरुंडिनेरिया रेसीमोसा, डेन्ड्रोकैलेमस हैमिल्टोनी, डे. खासिएनम, डे. जैनिएनम, डे. हूकेरी, डे. पैटेलेरिस, डे. सिक्किमेन्सिस, ड्रैपैनोस्टैकियम इंटरमीडिया, थैम्नोकैलेमस एरिस्टैटस, बम्बुसा अरुंडिनेसिया, ब. न्यूटेन्स, ब. पेलिडा, ब. पॉलिमॉर्फा, सेमीअरुंडिनेरिया पतिंग्ली*तथा *सिनअरुंडिनेरिया मलिंग*

बाँस की आर्थिक रूप से अति महत्वपूर्ण प्रजातियों का वर्गीकृत (टैक्सोनोमिक) विवरण

पूर्वी एवं पूर्वोत्तर क्षेत्र में आर्थिक रूप से अति महत्वपूर्ण बांस–प्रजातियों का वर्गीकृत विवरण इस प्रकार है:–

बम्बुसा बम्बोस

यह कांटेदार बाँस झुरमुट प्रकार का है जो दक्षिण एशिया (भारत, बांग्लादेश, श्रीलंका, इन्डोचीन) में पाया जाता है। यह लम्बी, हरी एवं कांटेदार प्रजाति है, जो झुरमुट के रूप में उगती है एवं इसमें सघन शाखायें होती हैं। यह 10–35 मीटर तक ऊँचा हो सकता है। प्राकृतिक रूप से यह शुष्क वनों में उगता है। नयी शाखायें गहरे बैंगनी रंग की होती हैं। कल्म चारों ओर से कठोर वक्र कांटों से घिरा होता है। शाखायें आधार भाग से निकलती हैं। वायवीय जड़ें कुछ गाँठों की ऊँचाई तक होती हैं। पर्व (दो गांठों का अंतराल) की लम्बाई 15–46 सेमी. तक एवं व्यास 3–20 सेमी. तक हो सकता है। कल्म का आवरण (शीथ) 2.5 से 5 सेमी. मोटा होता है। इसकी गाँठें उभरी हुई एवं जड़ें कठोर होती हैं। परिपक्व कल्म का आवरण गहरे भूरे रंग का हो जाता है। यह लम्बा एवं बेलनाकार होता है। आवरण की लम्बाई 15–25 सेमी. एवं चौड़ाई 12–30 सेमी. होती है। फलक की लम्बाई 4–12 सेमी.

होती है। अलिन्द (ऑरिकल) उभरे हुए नहीं होते हैं। आवरण की ऊपरी सतह काले भूरे रोम से ढँकी होती है। आवरण की निचली सतह पर रोम नहीं होते हैं। आवरण जल्दी ही झड़ जाता है।

बम्बुसा न्यूटेन्स

बम्बुसा न्यूटेन्स मध्यम आकार का सुंदर बांस है जिसका कल्म 6–15 मीटर ऊँचा, 5–10 सेमी. व्यास का, झुरमुट विरल परंतु ऊपर अधिक शाखित, नीचे आमतौर पर शाखाविहीन, सीधा, हरा, चिकना, चमक विहीन, नीचे सफेद चक्रयुक्त, गाँठें थोड़ी मोटी होती हैं। नीचे वाली गाँठें अक्सर रोमयुक्त होती हैं जिनमें नन्हीं जड़ें पायी जाती हैं, पर्व 25–45 सेमी. लम्बा, आवरण मोटा होता है। यह उप–हिमालयी क्षेत्र में यमुना से पूर्व की ओर अरुणाचल प्रदेश तक 700 से 1500 मीटर की ऊँचाई पर पाया जाता है।

बम्बुसा बाल्कूआ

बम्बुसा बाल्कूआ अथवा *बाल्कूआ* बाँस एक झुरमुट वाला बाँस है जो इंडोचीन एवं भारतीय महाद्वीप में पाया जाता है। वियतनामी लोगों में यह भोज्य पदार्थ के रूप में लोकप्रिय है तथा इसका उपयोग अस्थायी निर्माण के लिए इमारती लकड़ी के रूप में होता है। यह एक झुरमुट (सिम्पोडियल) वाला बाँस है तथा थोड़े ही प्रयास में क्षेत्र विशेष में व्याप्त हो जाता है। यह 25 मीटर तक की ऊँचाई एवं 15 सेमी. मोटाई तक वृद्धि कर सकता है।

बम्बुसा टुल्डा

बम्बुसा टुल्डा अथवा भारतीय इमारती बाँस, सर्वाधिक उपयोगी बाँस प्रजातियों में से एक है। यह भारतीय उपमहाद्वीप, इंडोचीन, तिब्बत एवं यूनान का वासी है तथा इराक, प्योर्टो रिको एवं दक्षिणी अमेरिका के भू–भागों में प्राकृतिक रूप होता है। *बम्बुसा टुल्डा* प्रजाति का उपयोग भारत में कागज लुगदी उद्योग में बड़े पैमाने पर होता है। यह 15 मीटर ऊँचा तथा 8 सेमी. मोटा हो सकता है। यह दक्षिणपूर्वी एशिया में सामान्य तौर पर पायी जाने वाली लम्बी, हल्के हरे रंग की प्रजाति है जो परिपक्व होने पर भूरेपनयुक्त हरे रंग की हो जाती है। इसके कल्म पास–पास उगते हैं जो 6–23 मीटर ऊँचाई तक के हो सकते हैं। कल्म सफेद कोंपलों से ढँके होते हैं। गाँठों के ऊपर सफेद रोम की एक पट्टी होती है। शाखायें आधार से ऊपर की

ओर जाती हैं। वायवीय जड़ें कुछ गाँठों तक पायी जाती हैं। पर्वों की लम्बाई 30–60 सेमी. एवं व्यास 0.8 से 1.2 सेमी. तक हो सकता है। कल्म के आवरण बेहद कठोर होते हैं। गाँठें उभरी हुई होती हैं। कल्म का आवरण त्रिकोणीय एवं तिकोने फलकयुक्त होता है। यह भूसे के रंग का होता है। आवरण असमितीय (एसिमेट्रिकल) होता है तथा इसकी लम्बाई 15–32 सेमी. एवं चौड़ाई 25–34 सेमी. होती है। फलक की लम्बाई 5–10 सेमी. होती है। अलिन्द का आकार असमान होता है जिनमें से बड़ा अलिन्द गोलाकार एवं फलक पर किनारे की ओर अवस्थित होता है। आवरण का ऊपरी भाग काले–भूरे रोम से ढँका होता है। आवरण की निचली सतह पर रोम नहीं होते हैं। आवरण शीघ्र झड़ जाते हैं।

बम्बुसा अरुंडिनेसिया

बम्बुसा अरुंडिनेसिया उष्णकटिबंधीय भारत एवं पाकिस्तान के अधिकांश भागों में पायी जाने वाली जंगली प्रजाति है जो दक्षिण भारत की नीलगिरी पहाड़ियों, उत्तरी इंडोचीन में 1000 मीटर तक ऊँचाई पर उगती है। यह उष्ण कटिबंधीय एवं उपोष्ण कटिबंधीय जलवायु के साथ–साथ उष्ण आर्द्र शीतोष्ण क्षेत्रों में भी उगता है परंतु ठंढरहित जलवायु में, अच्छी जलापूर्ति वाली अत्यधिक से मध्यम उर्वरा भूमि में इनकी सर्वश्रेष्ठ वृद्धि होती है। इनकी कोमल कोंपलें भारत एवं चीन के कुछ भागों में भोज्य सामग्री के रूप में भी उपयोग में आती है। चीन में घरों में इसकी लकड़ी का उपयोग फर्नीचर, बक्सों, सजावटी पात्र, मचान आदि के निर्माण में किया जाता है। इसकी पत्तियाँ चारे के रूप में इस्तेमाल की जाती हैं। उच्च कोटि के कागज निर्माण हेतु इसके तनों की काफी मांग है। इसके बीज भोजन के अभाव की स्थिति में खाने के काम में आते हैं। यह लम्बा काष्ठीय बांस है जिसमें कांटेदार तना, गुच्छेदार, लम्बाई 40 मीटर तक, शीर्ष पर मुड़ा, अनेक शाखायुक्त, पर्व 30–45 सेमी. लम्बे, स्पष्ट, तने के निचले हिस्से में कठोर क्षैतिज शाखाओं का अर्द्ध वृत्ताकार सघन गुच्छा, 2–3 वक्रों से लैस, कठोर कांटे, निचली गाँठें जड़युक्त, तने का आवरण सख्त, आरम्भ में नारंगी–पीला, बाहर से रोमयुक्त, चमकदार एवं अंदर से धारीदार, 30–45 सेमी. लम्बे त्रिकोणीय फलक, चिकना, अन्दर से कड़े बालों की चादर से ढँका, पतले पत्ते 20 सेमी. तक लम्बे, ऊपर से चिकने, भीतर से रोमयुक्त, पत्र आवरण रोमयुक्त, लघु पुष्पक्रम में एक काफी बड़ा पैनिकल (जो पूरे तने की लम्बाई में होता है), प्रशाखायें विरल धूसर रंग की कठोर डंठलों युक्त विरल झुरमुट वाली होती हैं।

बम्बुसा पेलिडा

बम्बुसा पेलिडा की वृद्धि मध्यम उच्च तापमान के साथ उच्च वर्षा एवं आर्द्रता वाले क्षेत्रों में सबसे अच्छी होती है। इसका उपयोग मुख्यतः टोकरी एवं चटाई निर्माण में किया जाता है। पूर्वोत्तर भारत में यह प्राकृतिक रूप से भी पाया जाता है तथा इसकी खेती भी की जाती है। इसका कल्म 20 मीटर तक लम्बा एवं चिकना होता है। प्रकंद छोटे, पैकीमार्फ प्रकार के होते हैं। कल्मों की लम्बाई 15–20 मीटर, व्यास 25–35 मिमी. काष्ठीय, गाँठों पर जड़ें नहीं पायी जातीं। कल्म के पर्व बेलनाकार, लम्बाई 45–75 सेमी., रंग गहरा हरा एवं अंतिम सिरा चिकना (तुषारावृत) होता है। पार्श्व शाखायें वृक्ष के समान होती हैं। कल्म आवरण 20–30 सेमी. लम्बा, एक समय जितना लम्बा उतना ही चौड़ा, रोमिल, पूर्णतः बालों से भरा, बाल धँसे हुए, सिरे पर कटे हुए, अलिन्द रहित अथवा अलिन्द समेत तथा कंटीला होता है। कल्म आवरण फलक (ब्लेड) त्रिकोणाकार, आधार पर आवरण के बराबर चौड़ा, 20–35 सेमी. लम्बा, रोमिल तथा तीक्ष्ण होते हैं। पत्ते स्तम्भिक होते हैं। पत्र–आवरण शिराओं से भरा, सतह चिकनी मुख–रोम कंटीला, पर्णपाती तथा अलिन्द सीधे होते हैं। जीभिका रोमरहित झिल्ली सदृष होती हैं। कॉलर बाह्य जीभिका (लिंग्यूल) सहित होती हैं। इसका शिराविन्यास 8–12 द्वितीयक शिराओं से युक्त होता है। पत्र सतह पृष्ठ पर बालयुक्त, झबरा होता है। पत्र फलक के किनारे रूक्ष (रफ), सिरा तीक्ष्ण, रूक्ष तथा छिटपुट पुष्पन चक्र 40 वर्षीय होता है।

बम्बुसा पॉलिमॉर्फा

बम्बुसा पॉलिमॉर्फा एक लम्बी भूरापनयुक्त हरे रंग की प्रजाति है जो झाड़ीदार रूप में सघन शाखाओं से युक्त ढेर सारे कल्मों से भरी होती है। यह बाँस 10–30 मीटर तक ऊँचा हो सकता है। कल्म हरे रंग का सफेदीयुक्त भूरे रोम से ढँका होता है जो सूखने पर भूरेपनयुक्त हरे रंग का हो जाता है। नयी शाखायें हरे–भूरे रंग की होती हैं। मध्य कल्म से शाखायें ऊपर तक पहुँचती हैं। नयी कल्मों का आवरण हरा होता है जो परिपक्व होने पर पीला–भूरा हो जाता है। बढ़ती शाखाओं का आवरण सुनहरे पीले रंग का होता है जिसमें कप के आकार के फलक होते हैं। आवरण की लम्बाई 20–25 सेमी. तथा चौड़ाई 28–35 सेमी. होती है। फलक की लम्बाई 5–10 सेमी. होती है। हँसिए के आकार के अलिन्द समान आकार के, लहरदार एवं घुमावदार होते हैं। आवरण की ऊपरी सतह घने, भूरापन लिए काले रोम से ढँकी होती है। शीथ की निचली सतह रोमरहित होती है। आवरण जल्दी नहीं झड़ता है परन्तु फलक झड़ जाते हैं। भारत में इनका उपयोग दीवारों, विभाजकों, कंक्रीट के सशक्तिकरण एवं छतों के निर्माण में किया जाता है।

डेन्ड्रोकैलेमस ऐस्पर

डेन्ड्रोकैलेमस ऐस्पर को कठोर बाँस अथवा विशालकाय बाँस के नाम से भी जाना जाता है। यह दक्षिण–पूर्व एशिया में पायी जानेवाली उष्णकटिबंधीय एवं उपोष्ण कटिबंधीय सघन झुरमुट वाली प्रजाति है। यह इमारती बाँस भारी निर्माण में इमारती सामग्री के रूप में प्रयोग में लायी जाती है एवं इसकी शाखायें सब्जी के रूप में इस्तेमाल में आती है। *डेन्ड्रोकैलेमस* वंश की इस प्रजाति के बाँस 15–20 मीटर लम्बाई एवं 8–12 सेमी. व्यास वाले होते हैं। यह आमतौर पर भारत, श्रीलंका एवं अन्य पड़ोसी देशों में पाया जाता हैं। कल्म भूरापन लिए हरे रंग का, जो सूखने पर भूरे रंग का होता है। नये कल्म की निचली गाँठें सुनहरे–भूरे रोम से ढँकी होती हैं। नयी डालियाँ भूरापनयुक्त काले रंग की तथा कल्म सीधे पाये जाते हैं। पर्व की लम्बाई 25–60 सेमी एवं व्यास 3.5–15 सेमी तक होता है। कल्म की दीवारें अत्यधिक मोटी, पर्व सुस्पष्ट, कल्म आवरण भूसे के रंग के होते हैं। आवरण का शीर्ष गोलाकार तथा ऊपरी सतह सुनहरे–भूरे बालों से ढँकी होती हैं। निचली सतह पर बाल नहीं होते हैं। आवरण शीघ्र झड़ जाता है।

डेन्ड्रोकैलेमस हैमिल्टोनी

डेन्ड्रोकैलेमस हैमिल्टोनी दक्षिण एशियाई देशों, जैसे भारत, श्रीलंका, भूटान, नेपाल, पाकिस्तान एवं सुदूर पूर्वी चीन में पाया जाता है। यह एक लम्बा हरे रंग का, गोलाकार शीर्ष वाला बाँस है जो झाड़ीदार रूप में पास–पास उगे कई कल्मों से युक्त होता है। व्यास 12–15 सेमी. तथा ऊँचाई 15–18 मीटर होती है। इसका कल्म धूसर हरे रंग का, सफेदीयुक्त भूरे बालों से ढँका होता है जो सूखने पर भूरे–हरे रंग का हो जाता है। पर्वों के ऊपर और नीचे सफेद पट्टियाँ। कल्म टेढ़े–मेढ़े होते हैं। शाखन, आधार से ऊपर की ओर होता है। सभी गाँठों में वायवीय जड़ें मौजूद होती हैं। पर्व की लम्बाई 30–40 सेमी तथा व्यास 5–15 सेमी तक होता है। कल्म की दीवारें 0.5–1.5 सेमी मोटी तथा कुछ कल्मों की गाँठें मुड़ी हुई होती हैं। नये कल्म का आवरण हरा एवं परिपक्व होने पर पीलापनयुक्त भूरा पाया जाता है। यह लम्बा, चपटा तथा आधार से ऊपर से की ओर पतला होता जाता है। शीथ की लम्बाई 8–20 सेमी तक होती है। अलिन्द अनुपस्थित होते हैं। आवरण की ऊपरी सतह पर काले–भूरे रंग के बालों के गुच्छे परन्तु निचली सतह बालरहित होती है। आवरण शीघ्र झड़ जाता है।

डेन्ड्रोकैलेमस लौंगिस्पैथस

डेन्ड्रोकैलेमस लौंगिस्पैथस को सामान्यतः लम्बे आवरणयुक्त बाँस के रूप में जाना जाता है। यह बांग्लादेश, म्यांमार एवं थाइलैंड में पाया जाता है तथा सम्पूर्ण दक्षिण एशिया के लिए अब यह विदेशी प्रजाति बन गया है। यह 13 से 20 मीटर तक लम्बा हो सकता है। नये कल्म हरे रंग के तथा सफेद कोंपलों से ढँके होते हैं जो सूखने पर भूरापन लिए हरे रंग के हो जाते हैं। नयी शाखायें पीलापनयुक्त हरे रंग की होती हैं जिन पर चमकीले काले बाल होते हैं। कल्म सीधे होते हैं। शाखायें बीच के कल्म से ऊपर की ओर बढ़ती है। कुछ गाँठों तक वायवीय जड़ें पायी जाती हैं।

डेन्ड्रोकैलेमस स्ट्रिक्टस

डेन्ड्रोकैलेमस स्ट्रिक्टस को सामान्यतः नर बाँस, ठोस बाँस एवं कलकत्ता बाँस के नामों से जाना जाता है जो व्यापक रूप से दक्षिणी एवं दक्षिण–पूर्वी एशिया में विशेषतः भारत, नेपाल, बांग्लादेश, म्यांमार एवं थाईलैंड में पाया जाता है। इनका उपयोग आवासीय ढाँचे, शहतीर, तम्बू के खम्भे, कंक्रीट के सशक्तिकरण, दीवार, मचान तथा बाड़ के निर्माण में किया जाता है। पत्तों का उपयोग छप्पर बनाने में किया जाता है। यह एक लम्बी, हरी बाँस प्रजाति है जो झाड़ीदार रूप में सघन शाखाओं वाली अनेक कल्मों से भरी होती है। यह बाँस 6–18 मीटर तक ऊँचा होता है। कल्म का रंग हरा, सफेद कोंपलों से ढँका होता है जो परिपक्व होने पर भूरा हो जाता है। नयी शाखायें भूरे रंग की, सफेद कोंपलों से आच्छादित होती हैं। शाखायें मध्यवर्ती कल्म से ऊपर की ओर बढ़ती हैं। वायवीय जड़ें कुछ गाँठों तक पायी जाती हैं। पर्व 20–30 सेमी. लम्बे एवं 2.5–12 सेमी. व्यास वाले होते हैं। कल्मों की दीवारें अत्यधिक मोटी होती है। गाँठें सुस्पष्ट नहीं होती हैं। कल्म का आवरण छोटी अवस्था में हरा तथा परिपक्व अवस्था में भूरा होता है। यह बेलनाकार होता है। आवरण की लम्बाई 18–20 सेमी. तथा चौड़ाई 10–17 सेमी. होती है। फलक की लम्बाई 3.5 सेमी. से 6.5 सेमी. तक होती है। अलिन्द अनुपस्थित होते हैं। आवरण की ऊपरी सतह भूरे बालों से ढँकी अथवा बिना ढँकी हो सकती है। आवरण की निचली सतह बालरहित होती है। आवरण शीघ्र झड़ जाते हैं।

पूर्वी पठारी एवं पहाड़ी क्षेत्रों में बाँस की विभिन्न प्रजातियों का मूल्यांकन

पूर्वी पठारी एवं पहाड़ी भू–भाग बाँस की व्यवसायिक खेती के लिए बहुत ही महत्त्वपूर्ण क्षेत्र है। इस क्षेत्र के लिए बाँस की उपयुक्त प्रजाति के चयन हेतु पूर्वी क्षेत्र

के लिए भारतीय कृषि अनुसंधान परिषद् का अनुसंधान परिसर द्वारा एक परीक्षण किया गया। इसमें विभिन्न पूर्वी राज्यों से संग्रहित बाँस की विभिन्न प्रजातियों (*बम्बुसा बाल्कूआ, ब. वल्गैरिस, ब. टुल्डा, डेन्ड्रोकैलेमस मेम्ब्रेनेसियस, डे. स्ट्रिक्टस* तथा *जाइगैन्टोक्लोआ एट्रोविओलेसिया*) का मूल्यांकन किया गया।

पौधरोपण के चार साल के बाद प्रत्येक झुरमुट में कुल कल्मों की संख्या *बम्बुसा टुल्डा* प्रभेद तरल में सबसे ज्यादा (23.0) पायी गयी एवं इसके बाद *जाइगैन्टोक्लोआ एट्रोविओलेसिया* में पायी गयी। सभी प्रजातियों में जुलाई और अगस्त के महीनों में सबसे ज्यादा कल्में उगीं। दूसरे वर्ष के बाद कल्मों की बाहर निकलने की प्रक्रिया में अचानक बढ़ोत्तरी पाई गई एवं यह प्रक्रिया *बम्बुसा टुल्डा* प्रभेद तरल में सर्वाधिक देखी गयी। प्रकंद के विकास से बढ़ते हुए कल्मों को समायोजित करने के लिए झाड़ी में हो रहे फैलाव की बढ़ोतरी को दूसरे वर्ष के बाद ज्यादा देखा गया। जबकि *डेन्ड्रोकैलेमस मेम्ब्रेनेसियस* में यह वृद्धि दूसरे वर्ष से ही दिखने लगी। चौथे वर्ष में *डेन्ड्रोकैलेमस मेम्ब्रेनेसियस, बम्बुसा टुल्डा* प्रभेद तरल, *ब. वल्गैरिस, ब. बाल्कूआ* के झुरमुट के फैलाव में तीव्र बढ़ोत्तरी पायी गई।

सभी प्रजातियों में झुरमुट का सर्वाधिक फैलाव *डेन्ड्रोकैलेमस मेम्ब्रेनेसियस* (2.03 मीटर) तथा उसके बाद *बम्बुसा टुल्डा* प्रभेद में पाया गया। सभी बाँस की प्रजातियों में प्रथम वर्ष में निकली हुई कल्मों की लम्बाई तथा मोटाई कम पायी गयी जबकि बाद के वर्षों में निकली हुई कल्मों का आकार अपेक्षाकृत अधिक पाया गया। कल्मों में पाँचवीं एवं छठी गाँठ के बीच की औसतन लम्बाई *बम्बुसा टुल्डा* प्रभेद में सबसे अधिक (29.90 सेमी) पायी गयी। इसके बाद *बम्बुसा बाल्कूआ* तथा *ब. वल्गैरिस* का स्थान था। कल्मों में औसतन गाँठों की संख्या, कल्मों की लम्बाई एवं मोटाई, *बम्बूसा बाल्कूआ* में सबसे अधिक पायी गयी जबकि *जाइगैन्टोक्लोआ एट्रोविओलेसिया* में सबसे कम पायी गयी। सबसे लम्बी (23.26 सेमी.) एवं चौड़ी पत्ती (4.38 सेमी.) भी *बम्बुसा बाल्कूआ* में पाई गयी। पत्ती का आकार सूचकांक *डेन्ड्रोकैलेमस मेम्ब्रेनेसियस* में सबसे अधिक पाया गया। समग्र अवलोकन के आधार पर *बम्बुसा टुल्डा* प्रभेद तरल का प्रदर्शन सबसे अच्छा पाया गया (सारणी–8)।

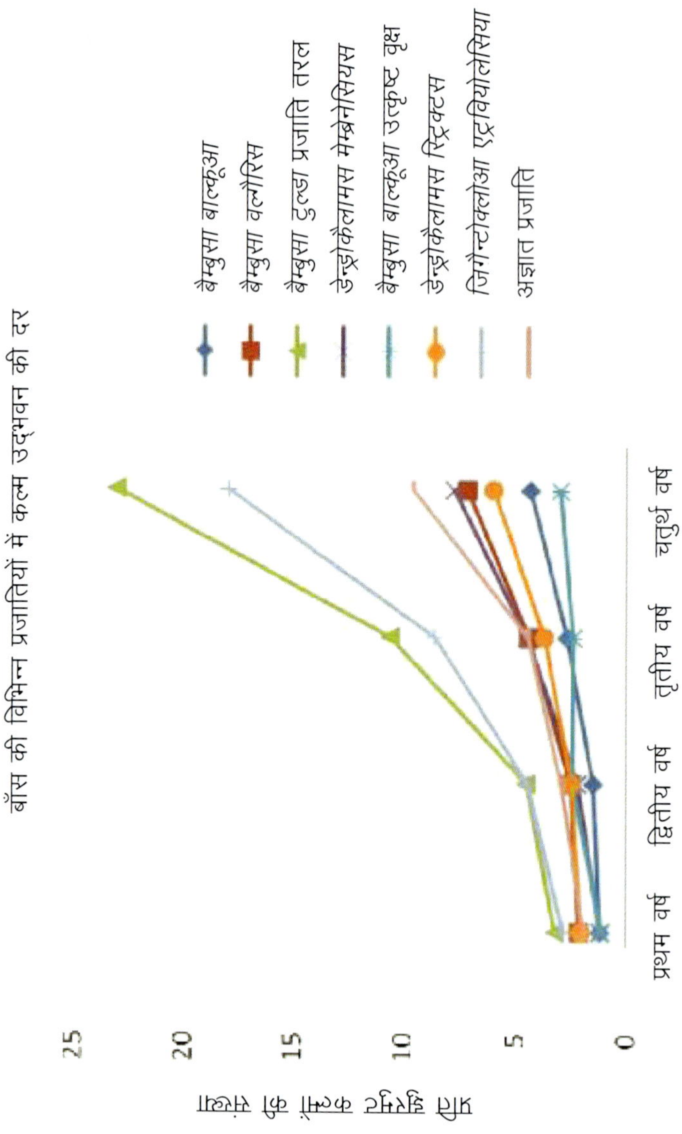
बाँस की विभिन्न प्रजातियों में कल्म उद्भवन की दर
प्राप्त कल्मों की संख्या
0
5
10
15
20
25
प्रथम वर्ष
द्वितीय वर्ष
तृतीय वर्ष
चतुर्थ वर्ष
बैम्बुसा बाल्कूआ
बैम्बुसा वल्गैरिस
बैम्बुसा टुल्डा प्रजाति तरल
डेन्ड्रोकैलामस मेम्ब्रेनेसियस
बैम्बुसा बाल्कूआ उत्कृष्ट वृक्ष
डेन्ड्रोकैलामस स्ट्रिक्टस
जिगेन्टोक्लोआ एट्रवियोलेसिया
अज्ञात प्रजाति

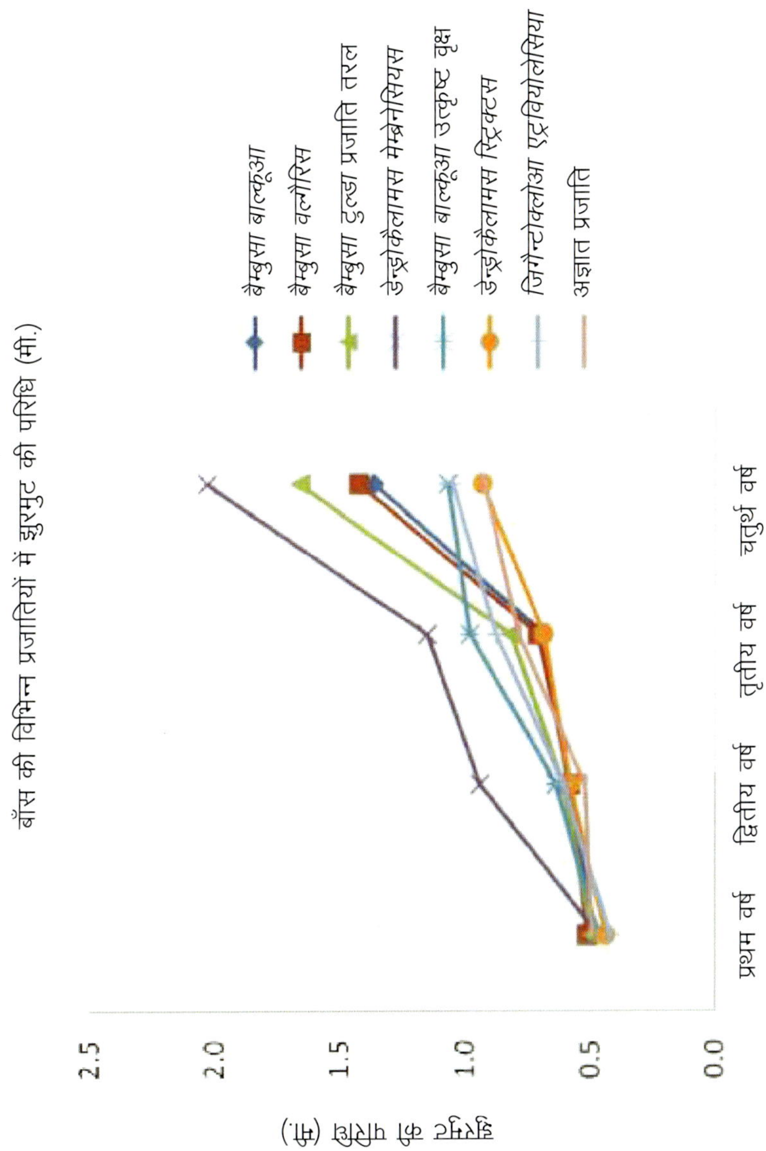

बाँस की विभिन्न प्रजातियों में झुरमुट की परिधि (मी.)
झुरमुट की परिधि (मी.)
0.0
0.5
1.0
1.5
2.0
2.5
प्रथम वर्ष
द्वितीय वर्ष
तृतीय वर्ष
चतुर्थ वर्ष
बैम्बुसा बाल्कूआ
बैम्बुसा वल्गैरिस
बैम्बुसा टुल्डा प्रजाति तरल
डेन्ड्रोकैलामस मेम्ब्रेनेसियस
बैम्बुसा बाल्कूआ उत्कृष्ट वृक्ष
डेन्ड्रोकैलामस स्ट्रिक्टस
जिगैन्टोक्लोआ एट्रवियोलेसिया
अज्ञात प्रजाति

सारणी 8. पूर्वी पठारी क्षेत्रों में बाँस की विभिन्न प्रजातियों में पौधों के विकास की स्थिति

मानदण्ड	**बाँस की प्रजातियाँ**						
	बम्बुसा बाल्कूआ	*बम्बुसा वल्गैरिस*	*बम्बुसा टुल्डा* **प्रभेद तरल**	*डेन्ड्रोकैलेमस मेम्ब्रेनेसियस*	*बम्बुसा बाल्कूआ* **(प्लस पेड़)**	*डेन्ड्रोकैलेमस स्ट्रिक्टस*	*जाइगैन्टोक्लोआ एट्रोविओलेसिया*
प्रत्येक झुरमुट में कुल कल्मों की संख्या	4.33	7.20	23.00	7.80	3.00	6.00	17.90
झाड़ियों का फैलाव (मीटर)	1.36	1.42	1.66	2.03	1.07	0.93	1.05
कल्म में पर्व की संख्या	36.33	27.78	23.70	32.56	34.00	20.67	16.82
कल्मों की औसत लम्बाई (मीटर)	6.27	4.19	5.45	4.38	5.50	3.54	1.82
कल्मों की औसत मोटाई (सें.)	3.83	2.43	2.59	1.98	3.40	1.70	0.60
5वीं एवं 6ठी गाँठों के बीच की लम्बाई (सें.)	20.17	20.11	29.90	15.67	20.00	24.60	12.69
पत्ती की लम्बाई (सें.)	22.38	17.64	19.44	9.02	23.26	12.15	17.47
पत्ती की चौड़ाई (सें.)	4.38	2.58	2.66	0.82	3.38	2.4	2.48
पत्ती का आकार सूचकांक	5.11	6.84	7.31	11.00	6.88	5.06	7.02

❑❑❑

अध्याय 8

पौध प्रवर्द्धन की विधि

बाँस का पौध प्रवर्द्धन बीज या बिचड़ा या किशोर पौधों का तना या परिपक्व झाड़ियों के इस्तेमाल से किया जा सकता है। बाँस के अलैंगिक प्रवर्द्धन के लिए पारंपरिक तरीकों जैसे विभाजन, वृहद फैलाव, कंद, ऑफसेट, गुटीकरण, वृहद कटिंग, कल्मों एवं शाखाओं की कटिंग का बहुत वर्षों से इस्तेमाल किया जाता रहा है। पिछले 10 वर्षों में टिशू कल्चर प्रणाली द्वारा बाँस का पौध प्रवर्द्धन हो पाया है। प्रवर्द्धन के विविध तरीकों की उपयोगिता, बाँस की प्रजाति, तकनीकी सहजता, प्रवर्ध्य एवं पानी की उपलब्धता से प्रभावित होती है।

बीज द्वारा प्रवर्द्धन

बाँस में पुष्पण के उपरांत बीज प्राप्त होता है। बहुत सारे उष्णकटिबंधीय बाँस की प्रजातियों में 40 से 80 साल के बाद पुष्पण होता है। बाँस में दो प्रकार के पुष्पण होते हैं यथा झुण्ड में सामूहिक पुष्पण एवं छिटपुट पुष्पण। जब झुण्ड में पुष्पण होता है तो एक प्रजाति के सभी झुरमुटों में पुष्पण होता है, बीज प्राप्त होते हैं और इसके बाद पौधौं की मृत्यु हो जाती है। हालाँकि सामूहिक पुष्पण से बहुत मात्रा में बीज प्राप्त होते हैं, परंतु उनकी जीवन क्षमता बहुत कम (कुछ दिनों से कुछ महीनों तक) अवधि की होती है। छिटपुट पुष्पण कई प्रजातियों जैसे *डेन्ड्रोकैलेमस जाइगैन्टियस, डे. स्ट्रिक्टस, डे. हैमिल्टोनी, बम्बुसा टुल्डा* तथा *ग्वाडुआ अंगस्टिफोलिया* में देखा जाता है। इस प्रकार के पुष्पण में बीज प्राप्त होता है तथा पौधों की मृत्यु नहीं होती है। बाँस में पुष्पण का कारण अभी तक वैज्ञानिक तरीके से समझा नहीं जा सका है इसलिए पुष्पण का अनुमान लगाना भी सम्भव नहीं है। बाँस में पुष्पण के लंबे अंतराल के कारण बीज की उपलब्धता बहुत कम होती है। अतः बीज द्वारा बाँस का

बड़े पैमाने पर प्रवर्द्धन हमेशा संभव नहीं हो पाता है। एक बार जब किसी बाँस के क्षेत्र या झाड़ी में फूल आ जाये तब बीजों का संग्रह कर तत्काल पौधशाला में बुआई कर देनी चाहिए (अहलावत एवं समूह, 2002)।

पहले यह माना जाता था कि बाँस की एक प्रजाति–विशेष में विश्व भर में एक ही साथ फूल आते हैं। विश्वस्तर पर बाँस के पुष्पण का उदाहरण इतिहास में मौजूद है। यद्यपि कुछ मामलों में यह पुष्पण व्यवहार देखा भी गया है, लेकिन सामान्यतः यह स्वीकार किया गया है कि एक प्रजाति की विश्व भर के सभी झुरमुटों में एक साथ पुष्पण नहीं होता है। संभवतः, बाँस में पुष्पण आनुवंशिक लक्षणों तथा पौधों की आयु पर निर्भर करता है। अधिकतर घासों की तरह बाँस के फूलों में पंखुड़ी नहीं होती है, अतः, इनमें परागण हेतु कीट नहीं आते हैं। बाँस के फूलों का आकार हवा द्वारा परागण के लिए ही बना हुआ है (सारणी 9)।

सारणी 9. पूर्वोत्तर भारत में बाँस की प्रजातियों में पुश्पण का प्रकार तथा अंतराल

प्रजातियाँ	**पुष्पण का प्रकार**	**पुष्पण का अंतराल (वर्ष में)**
डेन्ड्रोकैलेमस हैमिल्टोनी	सामूहिक तथा छिटपुट पुष्पण	30
डे. स्ट्रिक्टस	सामूहिक तथा छिटपुट पुष्पण	20–65
बम्बूसा अरुंडिनेसिया	सामूहिक तथा छिटपुट पुष्पण	30–34
ब. बाल्कूआ	छिटपुट पुश्पण	40+5
ब. लौन्गिस्पिक्यूलेटा	छिटपुट तथा सामूहिक पुष्पण	20+5
ब. पॉलिमॉर्फा	सामूहिक तथा छिटपुट पुष्पण	35–60
ब. टुल्डा	छिटपुट तथा सामूहिक पुष्पण	30–60
ब. वल्गैरिस	विरल तथा कम बीज	80+8
मेलोकाना बेस्सिफेरा	सामूहिक तथा छिटपुट पुष्पण	30–45

सिंघा एवं समूह, 2003

बाँस के फल एकबीजीय होते हैं जिसके पतले बीज कोष (पेरिकार्प) बीज आवरण से सटे हुए होते हैं जिन्हें कैरिऑप्सिस कहा जाता है और ये बहुत सारे छिलकों (ग्लूम) से ढँके होते हैं। पुष्पण के बाद जो बीज बनते हैं उनमें से वृहद मात्रा में बीज वर्षा जल में बह जाते हैं अथवा चूहों द्वारा खा लिये जाते हैं। बचे हुए बीज उसी स्थान पर उपयुक्त स्थिति पाने पर अंकुरित हो जाते हैं। बाँस में पुष्पण के बाद जो बीज मिलते हैं उन्हें तत्काल इकट्ठा कर उनकी सफाई कर लेनी चाहिए। साफ किये हुए बीजों को उचित तकनीक द्वारा 6 महीने से लेकर एक वर्ष तक भंडारण

किया जा सकता है। चूँकि बाँस के बीज की जीवन क्षमता कम होती है, उनकी बुआई इकट्ठा करने के तुरंत बाद कर लेनी चाहिए (अज्ञात, 2015)।

मध्य फरवरी से लेकर मई तक प्राप्त किये हुए बीज स्वस्थ होते हैं तथा उनका जीवन काल अधिक होता है। *मेलोकाना बेस्सिफेरा* प्रजाति के बीजों को छोड़कर बाकी सभी बाँसों के स्वस्थ बीजों को पानी में डालकर अन्य पदार्थों से अलग किया जा सकता है। चूँकि *मेलोकाना बेस्सिफेरा* प्रजाति के बीज बहुत बड़े होते हैं, उन्हें आसानी से पहचानकर अलग किया जा सकता है। बाँस के बीजों में डंठल के अंत में भ्रूण रहता है, अतः उनकी बुआई के समय यह ध्यान रखना चाहिए कि भ्रूण मिट्टी के अंदर ढँका हुआ रहे ताकि उनसे निकलने वाला अंकुर सूखने न पाये।

बाँस की विभिन्न प्रजातियों के बीजों के आकार भिन्न–भिन्न होते हैं। *डेन्ड्रोकैलेमस हैमिल्टोनी* एवं *बम्बुसा बम्बोस* के बीज गेहूँ के आकार के होते हैं जबकि *साइजोस्टैकियम फुषियानम* के बीज मूँगफली के दाने से बड़े होते हैं। *मेलोकाना बेस्सिफेरा* के बीज छोटे सेब के आकार के होते हैं।

बाँस की चुनिंदा प्रजातियों के बीज एवं अंकुरण के लक्षण

बाँस की चुनिंदा प्रजातियों के बीज एवं उनके अंकुरण के लक्षण को **सारणी–10** में दर्शाया गया है।

सारणी 10. बाँस की चुनिंदा प्रजातियों के बीज एवं अंकुरण के लक्षण

प्रजातियाँ	फलन का समय	बीज की मात्रा (किग्रा.)	जीवन क्षमता (महीनो में)	अंकुरण अवधि (दिनों में)	अंकुरण प्रतिशत
अरुंडिनेरिया फलकाटा	मई–जून	–	6	15–55	50
डेन्ड्रोकैलेमस जाइगैन्टियस	मई–जून	17,000	12	10–30	70
डे. हैमिल्टोनी	अप्रैल–मई	38,500	12	8–28	60
डे. सिक्किमेन्सिस	अप्रैल–मई	16,700	13	9–31	55
डे. स्ट्रिक्टस	जून–जुलाई	32,000	24	8–26	75
बम्बुसा अरुंडिनेसिया	अप्रैल–मई	90,000	6	12–30	55
ब. न्यूटेन्स	अप्रैल–मई	60,000	3	10–30	80
ब. टुल्डा	अप्रैल–मई	25,600	3	9–30	92
मेलोकाना बेस्सिफेरा	मई–अगस्त	6–8	0.5	6–14	80
सिफैलोस्टैकियम कैपिटेटम	जुलाई	1885	6	31–90	25

पौधशाला निर्माण

बाँस के बीजों की बुआई हमेशा नर्सरी क्यारी (बेड) में या तो छिंटाई द्वारा या पंक्ति में करनी चाहिए और उनके ऊपर छाया बनाये रखनी चाहिए। मिट्टी की एक पतली परत बीजों के ऊपर बिछाकर उसमें नियमित रूप से पानी देना चाहिए। यह ध्यान में रखना चाहिए कि नर्सरी बेड में हमेशा पर्याप्त नमी रहे पर पानी जमने न पाये। नर्सरी बेड की सिंचाई हमेशा एक अच्छे झरने से करनी चाहिए। सुबह या शाम में ही सिंचाई करनी चाहिए एवं दोपहर के समय कभी भी सिंचाई नहीं करनी चाहिए। यह देखा गया है कि *मेलोकाना बेस्सिफेरा* के 50 ग्राम से ज्यादा वजन वाले बीज जब समान अनुपात वाले मिट्टी, बालू एवं गोबर की खाद के मिश्रण में लगाये जाते हैं तब उनका अंकुरण अच्छा होता है तथा बिचड़ों में वृद्धि अधिक होती है।

अंकुरण के पश्चात् बिचड़ों की लंबाई 3 सेमी. से अधिक होने पर ही उन्हें सावधानी से पॉलिथीन ट्यूब में रोपना चाहिए। रोपे गये बिचड़ों को एक महीने के लिए आंशिक छाया में तथा उसके पश्चात् खुली क्यारी में रखना चाहिए। वर्षा ऋतु को छोड़कर शेष अवधि में सालों भर सिंचाई सुनिश्चित की जानी चाहिए। पौधशाला में प्रारंभिक अवस्था में पौधों पर आंशिक छाया काफी लाभदायक होती है परन्तु पौधों को सम्पूर्ण छाया से बचाना चाहिए।

बाँस के नये पौधों में कल्मों का उत्तरोत्तर विकास होता है। *बम्बुसा टुल्डा* प्रजाति की अंकुरित डंडी बहुत पतली (1–2 मिमी. मोटी) होती है जबकि *मेलोकाना बेस्सिफेरा* की अंकुरित डंडी मोटी (4–6 मिमी.) होती है। एक से चार हफ्तों में अंकुरित डंडियाँ कल्मों में बदल जाती हैं। *बम्बुसा टुल्डा, ब. पॉलिमॉर्फा, डेन्ड्रोकैलेमस लौंगिस्पैथस* के नये कल्म थोड़े बहुत सख्त होते हैं जबकि *मेलोकाना बेस्सिफेरा* के नये कल्म नर्म तथा हृष्ट–पुष्ट होते हैं तथा 3 महीनों में काफी विकसित हो जाते हैं।

बाँस के प्रकंदों का विकास अंकुरण के 1 से 2 महीनों के पश्चात् शुरू हो जाता है एवं इनमें तरुणावस्था में भूमि की ओर बढ़ने की प्रवृत्ति होती है। इसलिए पौधशाला में नये पौधों के जड़ तथा प्रकंद नजदीक वाले पौधों के पॉलिथीन के अंदर प्रवेश कर जाते हैं। इसके कारण पौधशाला में एक–दूसरे से गुंथे हुए जड़ों तथा कंदों का पिंड बन जाता है। फलस्वरूप पौधों की ढुलाई के समय जड़ों तथा कंदों को नुकसान पहुँचता है। अतः इसे रोकने के लिए छोटे पौधों को नर्सरी में एक बेड से दूसरे बेड में बारम्बार स्थानांतरित करना चाहिए। छोटे पौधों की जड़ों को एक–दूसरे से लिपटने से बचाने के लिए 3 महीनों में स्थानांतरण करते रहना

चाहिए। रोपण हेतु छः महीने से एक वर्ष तक के आयु वाले पौधों को प्रयोग में लाना चाहिए। पौधशाला में पौधों की सिंचाई एवं खरपतवार नियंत्रण नियमित रूप से करना चाहिए। इससे 8 से 12 महीनों के बाद अच्छे आकार के पौधे प्राप्त किये जा सकते हैं। यह देखा गया है कि कुछ प्रजाति में एक साल से अधिक आयु के पौधे रोपण के लिए ज्यादा उपयुक्त होते हैं। जिन पौधों में पानी या खाद के अभाव से प्रकंद की वृद्धि अच्छी नहीं हो पाती है उन्हें पौधशाला में एक साल से ज्यादा समय तक रखना चाहिए। पौधरोपण के लिए वर्षा ऋतु सबसे अच्छी होती है।

वानस्पतिक प्रवर्द्धन

जब बाँस के बीज उपलब्ध नहीं होते हैं तो विभिन्न वानस्पतिक विधियों से पौधों को तैयार किया जा सकता है जो बेहतर रोपण सामग्री के श्रोत होते हैं। ऑफसेट (प्रकंदयुक्त तना) के वानस्पतिक अंग को प्राप्त करने के कई तरीके हैं जो उपयुक्त मातृ पौध की उपलब्धता के ऊपर निर्भर करता है। ये वानस्पतिक अंग उनमें बची हुई खाद्य ऊर्जा के इस्तेमाल से नये पौधों में विकसित हो जाते हैं। ऑफसेट के पौधे बनाने की विभिन्न वानस्पतिक विधियाँ निम्नलिखित हैं–

- कल्मों का विभाजन
- संपूर्ण कल्मों की कटिंग
- कल्म या डंठल कटिंग
- शाखा कटिंग
- गुटीकरण (लेयरिंग)
- वृहद उद्‌भवन (मैक्रोप्रोलिफरेशन)
- सूक्ष्म प्रवर्द्धन (माइक्रोप्रोपागेशन)

पौध प्रवर्द्धन के लिए सामान्यतः ऑफसेट उपयोग में लाये जाते हैं परंतु उनका निष्कासन कठिन तथा समय नष्ट करने वाला होता है एवं वृहद मात्रा में पौध सामग्री को इकट्‌ठा करना बहुत कठिन होता है। कंद से अंकुर के निष्कासन के समय जड़, कली तथा मातृ कंद को हानि पहुँच सकती है। अतः ऑफसेट द्वारा छोटे पैमाने पर रोपण किया जा सकता है। कल्म कटिंग एक बेहतर विधि है जिसके द्वारा कई प्रजातियों का पौध प्रवर्द्धन किया जा सकता है। प्रक्षेत्र में रोपण के पश्चात, कल्म

कटिंग द्वारा तैयार किये गये ऑफसेट के पौधों की वृद्धि, ऑफसेट या बीज से तैयार किये गये पौधों से ज्यादा होती है परंतु ऑफसेट से तैयार किये गये पौधों की प्रक्षेत्र स्थापन दर अधिक होती है।

कल्मों का विभाजन

यह ऑफसेट द्वारा प्रवर्द्धन की पारंपरिक विधि है जो दो भागों में विभाजित हैः– (क) ऑफसेट रोपण तथा (ख) कंद रोपण

(क) ऑफसेट रोपण (ऑफसेट प्लान्टिंग)

ऑफसेट कल्मों का निचला हिस्सा है जिसमें कंद का अंश जुड़ा हुआ रहता है। ऑफसेट द्वारा प्रवर्द्धन सबसे आसान तथा साधारणतः इस्तेमाल में लाया जानेवाला तरीका है। ऑफसेट प्राप्त करने के 6 से 12 महीने पहले 1 से 2 वर्ष की आयु के कल्मों को चुना जाता है। उपयुक्त कल्मों को उनके हरे रंग तथा उनके झड़े हुए खोल से पहचाना जा सकता है। कल्मों को हमेशा स्वस्थ झुरमुटों में से चुनना चाहिए। वर्षा ऋतु के प्रारंभ में नयी कलियों के निकलने से पहले ऑफसेटों को प्राप्त किया जा सकता है। एक साल पुराने कल्मों को जमीन से 90–120 सेमी की ऊँचाई पर तिरछे रूप से काट दिया जाता है एवं कंद को जमीन से जड़ों के साथ निकाला जाता है। सावधानी पूर्वक कटाई के बाद ऑफसेट को जमीन में 7 X 7 मीटर की दूरी पर लगाया जाता है। यह ध्यान रखा जाता है कि पहले 2 से 3 गाँठें जमीन के नीचे रहें। यह सावधानी बरतनी चाहिए कि कल्म एवं कंद का जोड़ न टूटे तथा जमीन के नीचे वाले सुसुप्त कलियों को नुकसान न पहुँचे। ऑफसेट को निकालने के समय इस बात पर ध्यान देना जाना चाहिए कि कंद से 10 सेमी की दूरी तक की जड़ें एवं मिट्टी कंद के साथ ही निकाली जायें। काटे हुए कल्मों के ऊपरी हिस्से को सड़न से बचाने के लिए उन पर मिट्टी या गोबर अथवा फफूँदनाशक से लेप कर देना चाहिए।

नये पौधों की स्थापन दर तथा उनका विकास, ऑफसेट की आयु तथा उनके निकालने के समय पर निर्भर करता है। उदाहरणतः, *डेन्ड्रोकैलेमस स्ट्रिक्टस* प्रजाति के एक से दो साल के ऑफसेट से बेहतर परिणाम प्राप्त किया जाता है। यद्यपि इस विधि की सफलता दर अधिक है, परंतु वृहद पैमाने पर यह विधि पौध प्रवर्द्धन के लिए व्यवहारिक नहीं है और न ही सीधे प्रक्षेत्र रोपण हेतु पौध सामग्री तैयार करने के लिए सही उपाय है। इसका कारण यह है कि इसमें अधिक परिश्रम की आवश्यकता

होती है तथा स्थानांतरण में अधिक लागत लगता है। यह विधि छोटे पैमाने पर रोपण के लिए तथा अच्छे मातृ पौधों को स्थापित करने के लिए उपयुक्त है।

(ख) कंद रोपण (राइजोम प्लांटिंग)

यह विधि साधारणतः उन एक वर्ष की आयु वाले कल्मों के साथ अपनाई जाती है जिनको जड़ के साथ निकाला गया हो। कल्मों को 1 मीटर की ऊँचाई में काट दिया जाता है एवं वर्षा ऋतु में लगाया जाता है। नये कंद (15 से 30 सेमी. आकार वाले), जिनमें कम–से–कम एक कली हो, 30 X 30 X 30 सेमी. आकार वाले गड्ढों में लगाये जाते हैं। यह विधि उन प्रजातियों के प्रवर्द्धन में इस्तेमाल की जाती हैं जिनमें झुरमुट नहीं बनते हैं। कंद रोपण विधि ऑफसेट रोपण विधि से ज्यादा आसान होता है क्योंकि इसमें रोपण सामग्री हल्की एवं छोटे आकार वाली होती है।

सम्पूर्ण कल्मों की कटिंग

इस विधि में समूचे कल्म को उनके जड़ों के साथ लंबाई में बिछाकर मिट्टी से ढँक दिया जाता है। व्यस्क कल्मों से संपूर्ण कल्मों को काटकर निकाला जाता है एवं कम गहराई वाले गड्ढों में लगा दिया जाता है। कल्म के ऊपरी हिस्से एवं कुछ शाखाओं को ज्यों का त्यों रहने दिया जाता है ताकि वे जमीन से ऊपर रहें। कुछ हफ्तों के बाद नयी जड़ एवं कोंपलें विकसित हो जाती हैं। बाँस की *डेन्ड्रोकैलेमस* प्रजातियों में यह देखा गया है कि जब तीन साल पुराने समूचे कल्मों को इस्तेमाल किया गया तो ग्रीष्म ऋतु में इसकी स्थापन दर कम रही। जबकि *बम्बुसा टुल्डा* प्रजाति में एक वर्ष वाले कल्मों की अपेक्षा दो वर्ष वाले कल्मों से अधिक मात्रा में प्रवर्द्धन सामग्री प्राप्त की जा सकती है।

कलम या डंठल कटिंग

इस विधि के द्वारा प्रवर्द्धन के लिए कलमों या डंठल खंडों को इस्तेमाल किया जाता है। स्वस्थ झुरमुटों में मौजूद दो से तीन वर्ष आयु के कल्मों से अच्छे डंठल खंड प्राप्त किये जा सकते हैं। चुने गये कल्मों से दोहरी या तिहरी गांठ वाले डंठल खंडों को तैयार किया जाता है। इस विधि में गांठ से 5–7 सेमी. दूरी पर कटिंग किया जाता है। कल्मों को काटने के लिए धारदार चाकू का इस्तेमाल किया जाना चाहिए। पतले छिलके वाले बाँस की प्रजातियों के लिए आरी का इस्तेमाल करना चाहिए ताकि खंडों का अंतिम सिरा न फटे। कल्मों के निचले तथा मोटे भाग से प्राप्त

किये गये कल्म खंडों में जड़ों एवं कोपलों को सृजित करने की क्षमता अच्छी होती है। परंतु, कल्मों के ऊपरी या पतले हिस्से से प्राप्त किये गये कल्म खंडों में यह क्षमता नहीं होती है। यह सुनिश्चित करना चाहिए कि कल्म खंडों की गांठों या शाखाओं पर कलियाँ मौजूद हों। कल्म खंडों में मौजूद शाखाओं तथा पत्तियों को नीचे से पहली या दूसरी गाँठ तक निकाल देना चाहिए और तैयार किये गये कल्म खंडों को 6 से 10 सेमी. ऊँचाई वाले नर्सरी बेड में सुलाकर उन्हें हल्की मिट्टी एवं बालू के मिश्रण से ढँक देना चाहिए। कुछ प्रजातियों में, कल्म खंड से निकली हुई एक शाखा के ऊपरी हिस्से को मिट्टी से बाहर रखने से अधिक सफलता मिलती है। कल्म खंडों को मिट्टी में ढँकने से पहले यह सुनिश्चित करना चाहिए कि उसमें मौजूद कलियाँ ऊपर की तरफ या बगल में रहें परंतु कभी भी नीचे की तरफ न रहें। कुछ प्रजातियों जैसे *डेन्ड्रोकैलेमस जाइगैन्टियस* एवं *डे. ब्रान्डिसाइ* में कल्म खंडों द्वारा पौध प्रवर्द्धन आसान नहीं होता है। *डेन्ड्रोकैलेमस हैमिल्टोनी* एवं *बम्बुसा वल्गैरिस* प्रजातियों में दोहरी गाँठ वाले कल्म खंड से अच्छा प्रवर्द्धन हो सकता है लेकिन कल्म खंडों को पूरी तरह से मिट्टी में ढँकना नहीं चाहिए बल्कि उन्हें आधा ही जमीन में गाड़ना चाहिए।

कल्म खंडों में ज्यादा जड़ एवं कोंपल आने के लिए कुछ और भी उपाय किये जा सकते हैं। इसके लिए कल्म खंडों में स्थित पर्व के मध्य भाग में 2 सेमी लम्बाई एवं 1 सेमी. चौड़ाई का मुँह बना देना चाहिए। कल्म खंडों को लगाने से पहले उन्हें नैप्थीलिन एसीटिक एसिड (100 पी.पी.एम.) के घोल से उपचारित करना चाहिए तथा काटने वाले दिन ही जमीन में लगा देना चाहिए। अगर काटने वाले दिन ही कल्म खंडों को मिट्टी में लगाना संभव न हो तो उन्हें गीले बुरादे से 3 दिनों तक ढँककर संरक्षित रखा जा सकता है। कल्म खंडों के उपचार के बाद मुँह को पॉलिथीन द्वारा बंद कर यह सुनिश्चित करना चाहिए कि उसमें से घोल बाहर न निकल पाये। कल्म खंडों को ऊँचे नर्सरी बेड में इस तरह से सुलाकर रखें कि उसका मुँह ऊपर की ओर हो। कल्म खंडों को लगाने से पहले नर्सरी बेड को कीटनाशक एवं फफूँदनाशक से उपचारित कर देना चाहिए ताकि कल्म खंडों में दीमक या फफूँद न लग सके। इस विधि से तीन या उससे ज्यादा गाँठ वाले कल्म खंडों को प्रवर्द्धन प्रक्रिया में उपयोग में लाया जा सकता है।

नर्सरी बेड में लगाये गये कल्म खंडों से जड़ एवं कोंपल निकलने के बाद उनके कोंपलों को जड़ों के साथ एक धारदार चाकू की सहायता से कल्म खंडों से अलग कर दिया जाता है एवं पॉलिथीन ट्यूब में लगा दिया जाता है। ठंड के समय में

पौधों को पॉलिथीन शीट से ढँक लेना चाहिए ताकि तापमान एवं आर्द्रता का स्तर उपयुक्त रहे।

शाखा कटिंग

बाँस की कई प्रजातियों में शाखा कटिंग विधि द्वारा प्रवर्द्धन सफलतापूर्वक हो जाता है। *मेलोकाना बेस्सिफेरा* प्रजाति में यह विधि बहुत सफल पायी गयी है। इस विधि में शाखाओं को कल्मों से एक धारदार चाकू द्वारा निकालकर मिट्टी में लगा दिया जाता है। उपयुक्त आर्द्रता बनाये रखने के लिए शाखा कटिंग को पॉलीथीन बैग से ढँक दिया जाता है। मिट्टी में लगाने के कुछ महीनों बाद शाखा कटिंग के आधार से नयी जड़ें निकलती हैं। इस विधि से नये पौधों को तैयार करने में एक वर्ष का समय लगता है। खेत में लगाने से पहले नये पौधों को कुछ और वर्ष नर्सरी में रखना चाहिए ताकि उनकी पर्याप्त वृद्धि हो पाये। परीक्षण में यह पाया गया है कि तुषार द्वारा आर्द्रता बनाये रखने से ज्यादातर बाँस की प्रजातियों की शाखा कटिंग में जड़ें आ जाती हैं परंतु कंद नहीं बनने के कारण उनमें नये कल्मों का विकास नहीं हो पाता है।

गुटीकरण (लेयरिंग)

गुटीकरण (लेयरिंग) की तीन विधियाँ हैं–ग्राउण्ड लेयरिंग, एयर लेयरिंग तथा स्टम्प लेयरिंग। ग्राउण्ड लेयरिंग विधि में बाँस के ऊपरी भाग से कल्मों को खींचकर जमीन में कम गहराई वाले गड्ढे में डालकर रस्सी से अच्छी तरह से बाँध दिया जाता है ताकि कल्म गड्ढे से वापस बाहर न निकल पायें। कुछ महीनों के बाद मिट्टी में गढ़े हुए कल्म के हिस्सों से नये पौधे निकल आते हैं। एयर लेयरिंग विधि में एक साल पुराने कल्मों को खींचकर नीचे लाया जाता है ताकि उसमें मौजूद गाँठें प्रवर्द्धन करने वाले माली के हाथ के पास आ जायें। गाँठों के ऊपर मिट्टी, सड़ी हुई पत्तियाँ एवं जड़ पैदा करने वाले हॉर्मोन के मिश्रण को चारों ओर से लगाकर पॉलिथीन या नारियल के छिलके से बाँध दिया जाता है। सफलतापूर्वक जड़ एवं कोंपल आ जाने पर गाँठों को काटकर निकाला जाता है एवं पॉलिथीन बैग में या खेत में लगा दिया जाता है। लेयरिंग विधि द्वारा ज्यादा जड़ पैदा करने के लिए नये कल्मों तथा कल्मों के ऊपरी हिस्से को काटकर निकाल देना चाहिए। यह देखा गया है कि लेयरिंग विधि द्वारा कुछ प्रजातियों में कल्मों के मध्य भाग में स्थित 28 प्रतिशत गाँठों से सफलतापूर्वक प्रवर्द्धन हो पाता है। स्टम्प लेयरिंग विधि में बाँस के

कल्मों को 1 से 2 गाँठों तक काट दिया जाता है एवं बचे हुए कल्म के भाग को मिट्टी मिश्रण की पर्याप्त मात्रा से ढँक दिया जाता है। अप्रैल और मई का महीना लेयरिंग विधि के लिए सबसे उचित समय है।

वृहद उद्‌भवन (मैक्रोपॉलिफोरेशन)

जब बाँस के बीज या प्रवर्द्धन सामग्री वृहद मात्रा में उपलब्ध न हों तो वृहद उद्‌भवन विधि को अपनाया जाता है। घास जाति के दूसरे पौधों की तरह ही बाँस के कंदों में भी उद्‌भवन की क्षमता अच्छी होती है। इस क्षमता को ध्यान में रखते हुए वृहद उद्‌भवन विधि द्वारा बाँस के नये कंदों के विभाजन से वृहद मात्रा में नये पौधों को तैयार किया जाता है। यह विधि साधारणतः बीज से तैयार किये गये छोटे पौधों में इस्तेमाल की जाती है। *बम्बुसा बम्बोस, ब. टुल्डा, डेन्ड्रोकैलेमस हैमिल्टोनी* इत्यादि प्रजातियों के 5 से 9 महीने पुराने बिचड़ों को इस विधि द्वारा 3 से 5 गुणा संख्या में बढ़ाया जा सकता है।

बीज से तैयार किये गये पौधों में 30 से 40 दिनों में कंद तथा कल्मों का विकास होता है। इसी तरह के 4 से 5 कल्मों वाले नये पौधों को नर्सरी बेड से निकाला जाता है एवं उनकी जड़ में लगी हुई मिट्टी को सावधानी पूर्वक हटाया जाता है। प्रत्येक कल्म को कंद के हिस्से एवं जड़ के साथ सावधानी से काटकर अलग किया जाता है एवं अलग–अलग पॉलिथीन ट्यूब में लगा दिया जाता है। उपयुक्त पौध प्रवर्द्धन द्वारा इस प्रक्रिया को बार–बार दोहराया जा सकता है एवं बड़ी संख्या में नये पौधे तैयार किये जा सकते हैं। इस विधि से 90 से 100 प्रतिशत सफलता के साथ पौधे तैयार किये जा सकते हैं। इस विधि में यह फायदा है कि एक बार बाँस के बिचड़े उपलब्ध होने पर उनसे बार–बार नये पौधे तैयार किये जा सकते हैं। चूँकि वृहद उद्‌भावन विधि द्वारा तैयार किये गये पौधे छोटे आकार के होते हैं, उनका स्थानांतरण आसानी से हो जाता है। परंतु इस विधि द्वारा लंबे समय तक पौध प्रवर्द्धन नहीं करना चाहिए क्योंकि इससे पौधों में फूल आने का अंतराल घट जाता है।

सूक्ष्म प्रवर्द्धन (माइक्रोप्रोपेगेशन)

इस विधि में वृहद पैमाने पर अति कम समय में तथा कम रोपण सामग्री द्वारा पौधे तैयार किये जा सकते हैं। मात्र कुछ गाँठों से 4 से 8 महीनों के अंदर हजारों नये पौधे बन जाते हैं। तैयार किये हुए एक–एक नये पौधे से 3 से 6 और नये

पौधे मात्र 3 से 5 हफ्तों के अंदर तैयार किये जा सकते हैं। इस विधि से पौधे तैयार करने के लिए कुशल कर्मचारियों एवं विशेष सुविधा जैसे नियंत्रित वातावरण तथा स्वच्छ परिवेश की आवश्यकता होती है। उच्च गुणांक दर एवं स्वच्छ परिवेश से बाँस की एकरूप, छोटी तथा स्वस्थ रोपण सामग्री साल भर प्राप्त की जा सकती है। यह आवश्यक नहीं है कि टिशूकल्चर द्वारा तैयार किये गये सभी पौधे विशिष्ट गुण वाले हों। यदि वे विशिष्ट गुण वाले मातृ पौधों से तैयार किये गये हों तो उनका उच्च मूल्य तर्कसंगत हो सकता है। यह तकनीक नये अथवा विशिष्ट किस्मों के प्रवर्द्धन के लिए बहुत उपयुक्त है।

टिशूकल्चर तकनीक द्वारा बाँस के नये पौधों को परिपक्व भ्रूण, कंद, गाँठ, खंड एवं पुष्पगुच्छ इत्यादि के इस्तेमाल से तैयार किया गया है। उपयुक्त पुराने पौधे (एक्स–प्लांट) का चयन एवं उसका सफल पुनर्सृजन टिशूकल्चर की सफलता का मुख्य आधार है। पुराने पौधे से कली का प्रस्फुटन बाँस की प्रजाति, ऊतक का तारूण्य, इसकी शारीरिक अवस्था तथा इन पुराने पौधों को एकत्रित करने के समय इत्यादि पर निर्भर करता है। कलियों के खिलने का दर एवं पुराने पौधे में जीवाणु संक्रमण, उनके संग्रह करने के समय पर निर्भर करता है। अधिक संक्रमण के कारण वर्षा ऋतु में लाये गये पुराने पौधों में से कलियों का खिलना कम देखा गया है। 4 से 5 हफ्तों के नियमित अंतराल पर विभिन्न हॉर्मोन वाले एम.एस. माध्यम पर उपसंवर्द्धन से कोंपलों की वृद्धि एवं उद्भवन को बढ़ाया तथा कायम रखा जा सकता है। फिनोलिक यौगिक के कारण रोपण माध्यम (मीडिया) में होने वाली ब्राउनिंग को बारम्बार उपसंवर्द्धन तथा माध्यम में एस्कॉर्बिक एसिड, चारकोल एवं पी.वी.पी. को सम्मिलित करके नियंत्रण किया जा सकता है।

टिशूकल्चर द्वारा बाँस तथा अन्य काष्ठीय पौधों के प्रवर्द्धन की मुख्य बाधा है–जड़ों के उत्प्रेरण में कठिनाई। परंतु, इंडोल ब्यूटिरिक एसिड एवं नैप्थलीन एसीटिक एसिड जैसे हॉर्मोनों के उपयोग से बहुत सारे बाँस की प्रजातियों में जड़ उत्प्रेरण किया जा सका है। टिशूकल्चर तकनीक के उपयोग द्वारा एक इकाई से प्रति वर्ष पाँच लाख पौधे बनाये जा सकते हैं।

❑❑❑

अध्याय 9

बाँस पौधशाला की स्थापना

अच्छी पौधशाला की स्थापना कर पर्याप्त मात्रा में उच्च गुणवत्ता वाले बाँस के पौधों की निरंतर आपूर्ति की जा सकती है। बाँस की पौधशाला की स्थापना के लिए निम्नलिखित बिन्दुओं पर ध्यान देना चाहिए।

पौधशाला स्थल का चयन

पौधशाला स्थल चयन के समय बहुत सारे बिन्दुओं पर विचार किया जाना चाहिए। यदि संभव हो तो पौधशाला राजमार्ग या सार्वजनिक सड़क के पास होनी चाहिए ताकि विभिन्न कार्यों के संचालन, संपर्क तथा आवागमन की सुविधा मिल सके। पौधशाला ऐसी जगह पर होनी चाहिए जहाँ प्रचुर मात्रा में जल की आपूर्ति हो सके। पौधशाला में जल की आवश्यकता पौधशाला के आकार, वर्षा एवं जलवायु, प्रजाति एवं सिंचाई की विधि पर निर्भर करती है। पौधों को संतुलित धूप एवं छाया की आवश्यकता होती है। अतः जिन जगहों में बहुत छाया हो वहाँ पौधशाला की स्थापना नहीं करनी चाहिए। इसी प्रकार, अति शुष्क जगहों में अत्यधिक तापमान को कम करने के लिए आंशिक छाया की व्यवस्था होनी चाहिए।

पौधशाला का आकार एवं रूपरेखा

पौधशाला का आकार पौधों की संख्या, पौधों के आकार एवं आयु पर निर्भर करता है। औसतन, बाँस के पौधों को पौधशाला में 8 से 12 महीने तक रखा जाता है। इसलिए पौधों को व्यवस्थित रखने के लिए पर्याप्त स्थान की आवश्यकता होती है। सघन पौधशाला से निम्न गुणवत्ता वाले पौधे बनते हैं।

सभी आधारभूत संरचनाओं के साथ पौधशाला का प्रकार, पौधशाला को बनाये रखने की अवधि पर निर्भर करता है। यदि पौधशाला में किसी स्थान–विशेष में रोपण के लिए पौध तैयार करना है तब एक अस्थायी पौधशाला की स्थापना की जा सकती है। अस्थायी पौधशाला के लिए कम लागत वाले उत्पादक सामग्री की आवश्यकता होती है जो आसपास के इलाकों से प्राप्त की जा सकती है। साधारण बाँस और लकड़ी से बने शेडनेट हाउस में पौधों को बनाया जा सकता है। यदि पौधशाला कम–से–कम 5 से 10 साल की अवधि के लिए चाहिए तो स्थायी तथा टिकाऊ ढाँचों की जरूरत होती है।

पौध रोपण के लिए मिट्टी मिश्रण की तैयारी

पौधशाला में हमेशा जैविक कार्बन की अच्छी मात्रा वाली मिट्टी का इस्तेमाल करना चाहिए। अतः यदि संभव हो तो पौधशाला उन जगहों में बनाना चाहिए जहाँ पर उपजाऊ मिट्टी आसानी से उपलब्ध हो। बाँस के पौधों को तैयार करने के लिए मिट्टी मिश्रण में 50 प्रतिशत मिट्टी, 25 प्रतिशत बालू तथा 25 प्रतिशत गोबर खाद होनी चाहिए। मिट्टी को चलनी से चालकर साफ कर लेना चाहिए ताकि पत्थर तथा ढेले निकल जायें। मिट्टी के मिश्रण में रसायनिक उर्वरक को भी मिलाने से पौधों की अच्छी वृद्धि होती है। खरपतवार की समस्या को नियंत्रित करने के लिए पॉलिट्यूब को पौध रोपण से 3 से 4 हफ्ते पहले मिट्टी के मिश्रण से भर देना चाहिए ताकि निकले हुए खरपतवार को पहले से ही निकाल दिया जा सके।

पॉलीट्यूब में पौध रोपण

नये पौधों को जीवित रखने के लिए उनका पॉलीट्यूब में रोपण का कार्य सावधानी पूर्वक करना चाहिए। छोटे आकार के बाँस के पौधों के लिए 22.5 सेमी. X 15.0 सेमी. आकार की पॉलीथीन थैली उपयुक्त होती है जिसमें पौधों की जड़ों एवं कंद के विकास के लिए पर्याप्त स्थान होता है। अगर पॉलीथीन थैली में पहले से छेद न हो तो उनमें कुछ छेद कर देना चाहिए ताकि उनमें जलजमाव न हो। पॉलीथीन थैली में पौधों का रोपण निम्नलिखित प्रकार से करना चाहिए।

- ❑ पॉलिथीन थैली के एक तिहाई तक मिट्टी के मिश्रण से भर देना चाहिए।
- ❑ पौधे की जड़ों एवं कंदों को पॉलीथीन थैली के मध्य भाग में रखकर मिट्टी मिश्रण से भर देना चाहिए। मिट्टी मिश्रण भरते समय यह ध्यान रखना चाहिए कि डंठल का आधार मिट्टी के स्तर पर होना चाहिए।

- भरी हुए मिट्टी को अच्छी तरह से दबा देना चाहिए।
- नये लगाये गये पौधों की नियमित सिंचाई करनी चाहिए।

सिंचाई

बाँस का अच्छा पौधा बनाने के लिए सिंचाई एक महत्वपूर्ण घटक है। स्थायी पौधशाला की स्थापना से पूर्व यह सुनिश्चित कर लेना चाहिए कि इसमें सिंचाई के साधन मौजूद हों। अस्थायी पौधशाला जल के स्रोत यथा नदी या तालाब के निकट स्थापित की जानी चाहिए। पौधशाला में सिंचाई के लिए फव्वारे (स्प्रिंकलर) की व्यवस्था काफी उपयुक्त होती है। बाँस के नये पौधों की प्रतिदिन सिंचाई करना आवश्यक है। इसलिए पौधशाला में लगाये गये सिंचाई प्रणाली की देखभाल अच्छी तरह से करनी चाहिए।

पौधों का सुदृढ़ीकरण

पॉलीथीन थैली में रोपण के उपरांत पौधों को 50 प्रतिशत छाया में रखा जाता है। जब पौधे अच्छी तरह से स्थापित हो जाते हैं और उनमें नये पत्ते निकलने शुरू हो जाते हैं तब उन्हें धूप लगने तथा सुदृढ़ीकरण के लिए छाया से बाहर रखना चाहिए। पौधों के अच्छी तरह से सुदृढ़ीकरण के लिए उनको धीरे–धीरे प्रतिकूल परिवेश में लाना चाहिए। नये पौधे जब खेत में लगाने लायक हों तब उनमें स्वस्थ हरी पत्तियाँ होनी चाहिए तथा उनकी जड़ें अच्छी तरह से विकसित होनी चाहिए जो पौधे के विकास के लिए बहुत आवश्यक है। पौधों को खेत में लगाने के कम–से–कम एक महीने पहले से ही उन्हें खुली धूप में रख देना चाहिए। सुदृढ़ीकरण के समय, विशेषकर पौधों को खेत में लगाने के दो महीने पहले, रसायनिक उर्वरकों का प्रयोग नहीं करना चाहिए।

सामान्य रख–रखाव

पौधों को जब तक पौधशाला में रखा जाता है तब तक उनकी जड़ों तथा तनों की वृद्धि पर नियंत्रण रखना चाहिए। यदि ऐसा लगता है कि पौधों को लंबे समय तक पौधशाला में रखने की जरूरत है तो उनको 40 से 50 सेमी. ऊँचाई में छाँट देना चाहिए। पौधशाला में पौधों का उचित रिकार्ड रखना चाहिए तथा उनमें लेबल लगा देना चाहिए जिसमें उनकी प्रजातियों का वर्णन हो। पौधशाला में साफ–सफाई की उचित व्यवस्था रखनी चाहिए।

❑❑❑

अध्याय 10

वृक्ष संवर्द्धन

बाँस की वाटिका हेतु भूमि का चयन एवं तैयारी

बाँस की अधिकांश प्रजातियाँ उष्णकटिबंधीय से लेकर गर्म समशीतोष्ण जलवायु में जीवित रह सकती हैं जहाँ गर्मी में न्यूनतम तापमान 15 डिग्री सेन्टीग्रेड से कम न हो। बाँस के पौधों में उथली जड़ें तथा घनी कल्म होने के कारण तेज हवा से फैलने वाले बाँस आसानी से गिर जाते हैं जबकि गुच्छे वाले बाँस नहीं गिरते हैं। हालाँकि ठंढी हवा के कारण शाखाओं के अग्रभाग एवं पत्तियाँ सूख जाती हैं जिससे कोंपल निकलने में विलंब होता है। इसलिए खेत के चारों ओर वायु अवरोधक लगाना उचित है। भूमि में पानी का जमाव न हो, इस पर ध्यान देना चाहिए। हालाँकि बाँस के पौधों को नमी की जरूरत होती है परंतु अत्यधिक गीलापन पौधे के लिए हानिकारक होता है। अत्यधिक समतल भूमि जिसमें अभेद्य मिट्टी होती है वहाँ पर जल निकासी की आवश्यकता होती है। समतल भूमि बाँस की खेती के लिए अच्छी होती है लेकिन पहाड़ी इलाके, जिनकी ढाल 50–60 प्रतिशत से कम हो, वहाँ पर भी खेती की जा सकती है।

बाँस के पौधों को लगाने से पहले खेतों को समतल कर देना चाहिए। खेत में बड़े आकार के पेड़ नहीं होने चाहिए। अगर बड़े पेड़ों को खेत में रखना जरूरी है तो यह ध्यान रखें कि उनके तने के नीचे बाँस के पौधे न लगाये जायें। खेत की तैयारी के बाद उसमें गड्ढे खोदने की जगह को चिह्नित कर लेना चाहिए। गड्ढों की जगह को चिह्नित करने के लिए बाँस की खूँटी का इस्तेमाल करना चाहिए। एक समान धूप लगने के लिए पंक्तियों को उत्तर से दक्षिण दिशा में रेखांकित करना चाहिए।

बाँस के पौधों को सामान्यतः 45 X 45 X 45 सेमी. आकार के गड्ढों में लगाया जाता है। परंतु, पथरीली या अनुपजाऊ जमीन में पौध रोपण हेतु बड़े आकार (60–100 सेमी. गहरे एवं चौड़े) के गड्ढे खोदने चाहिए। बड़े आकार के गड्ढों में बड़े बाँस की प्रजातियों की स्थापन दर बेहतर होती है। निचले क्षेत्र की भूमि में बाँस के पौधे मेड़ पर लगाये जा सकते हैं। इसके लिए खाई–टीला प्रणाली का प्रयोग किया जाता है जिसमें 1.0 मीटर चौड़ाई एवं 0.5 मीटर ऊँचाई वाली मेड़ होती हैं। यदि सम्भव हो तो पथरीली जमीन में खोदे जा रहे गड्ढे से निकली हुई मिट्टी को हटा दें और बाहरी मिट्टी से गड्ढों को भर दें या गड्ढे भरने के समय उस मिट्टी में पर्याप्त मात्रा में खाद मिला दें। गड्ढों को भरने के लिए गड्ढे से निकली हुई मिट्टी में 10 किलोग्राम सड़े गोबर की खाद एवं 5 किलोग्राम केंचुआ खाद मिला देना चाहिए। सामान्यतः बाँस की वाटिका लगाने के समय रसायनिक खाद का उपयोग प्रायः नहीं किया जाता है परंतु यदि इस खाद का प्रयोग किया जाय तो यह पौध ो की वृद्धि के लिए फायदेमंद होगा। दीमक के प्रकोप से पौधों को बचाने के लिए पौधा लगाने के बाद गड्ढों में क्लोरोपाइरिफॉस (1.25 मिलीलीटर/लीटर घोल) दवाई का प्रयोग करना चाहिए।

बाँस की वाटिका की स्थापना एवं प्रबंधन

अधिकांश घासों की तरह बाँस रोगों, कीटों तथा प्राकृतिक क्षति के बिल्कुल प्रतिरोधी होते हैं। इसलिए इमारती लकड़ी अथवा अन्य उपयोग के लिए बाँस की खेती में काफी कम लागत लगती है।

बाँस के रोपण का सर्वश्रेष्ठ समय मानसून ऋतु में होता है, क्योंकि इस ऋतु में रोपण सफल होता है तथा सिंचाई भी कम करनी पड़ती है। इसके लिए बाँस की पौध अथवा कल्म को गड्ढे में डालते हैं और एक तेज ब्लेड से ऊपर की पॉलीथीन को इस प्रकार हटाते हैं कि जड़ों एवं प्रकंद को क्षति न पहुँचे। पौधों के चारों ओर की मिट्टी को पैरों से कसकर दबा देना चाहिए ताकि मिट्टी में नमी बनी रहे। सामान्यतः प्रथम वर्ष में 3 बार, द्वितीय वर्ष में 2 बार तथा तृतीय वर्ष में 1 बार खरपतवार की निकासी करनी चाहिए।

झुरमुट के आकार के अनुसार, बाँस की प्रजातियों को, छोटी (5–15 मीटर लम्बी एवं पूरे झुरमुट का व्यास 1–3 मीटर), मध्यम (लम्बाई 15–20 मीटर झुरमुट का व्यास 3–5 मीटर) तथा विशाल (लम्बाई 20–30 मीटर झुरमुट का व्यास 5–8 मीटर) की श्रेणियों में बांटा गया है। छोटी श्रेणी के बाँसों के लिए अधिक सघनता

तथा विशाल श्रेणी के बाँस के लिए कम सघनता उपयुक्त होती है। पैतृक झुरमुट के 3–4, 5–6 तथा 8–10 मीटर आकार के आधार पर रोपण का अंतराल 4 X 4 मीटर, 5 X 5 मीटर (*थाइरोस्टैकिस ओलिवेरी* में), 7 X 7 मीटर (*डेन्ड्रोकैलेमस हैमिल्टोनी* में) या 10 X 10 मीटर (*डे. जाइगैन्टियस* में) भी रखा जा सकता है। विभिन्न प्रजातियों के लिए अनुशंसित पौध अंतराल नीचे दिए गए हैं :

बम्बुसा बाल्कूआ

खाने योग्य शाखाओं के लिए रोपण में रोपण अंतराल 5 X 5 मीटर तथा इमारती उपयोग हेतु अंतराल 7 X 7 मीटर रखना चाहिए। जैव ऊर्जा के उत्पादन हेतु बायोमास के गहन प्रबंधन हेतु उच्च सघनता वाला रोपण करना चाहिए, परंतु सभी परिस्थितियों में इस विधि की सफलता अनिश्चित है। समुचित प्रबंधन एवं कटाई के लिए यंत्रों की पहुंच के लिए 1.21 मीटर (4 फुट) X 3.04 मीटर (10 फुट) का अंतराल ठीक रहता है।

बम्बुसा बम्बोस

इमारती उपयोग के लिए खेती में 5 X 5 मीटर का अंतराल रखा जाना चाहिए।

ब. न्यूटेन्स

6 X 6 मीटर का नजदीकी अंतराल आदर्श है।

ब. पेलिडा एवं ब. पॉलिमॉर्फा

खाद्य उपयोग हेतु खेती में 4 X 4 मीटर का तथा इमारती उपयोग हेतु खेती में 6 X 6 मीटर का अंतराल उपयुक्त है।

ब. टुल्डा तथा ब. वल्गैरिस

खाद्य उपयोग हेतु खेती में 4 X 4 मीटर का तथा इमारती उपयोग हेतु खेती में 7 X 7 मीटर का अंतराल उपयुक्त है।

डेन्ड्रोकैलेमस ऐस्पर तथा डे. ब्रान्डिसाइ

खाद्य उपयोग हेतु खेती में 4 X 4 मीटर, सजावटी या रक्षात्मक घेरे में उपयोग हेतु 5 X 5 मीटर तथा इमारती उपयोग हेतु 7 X 7 मीटर का अंतराल उपयुक्त है।

डे. जाइगैन्टियस तथा *डे. स्टॉक्सी*

खाद्य उपयोग हेतु खेती में 4 X 4 मीटर, सजावटी या रक्षात्मक घेरे में उपयोग हेतु 5 X 5 मीटर तथा इमारती उपयोग हेतु 9 X 9 मीटर का अंतराल उपयुक्त है।

डे. हैमिल्टोनी तथा *डे. स्ट्रिक्टस*

खाद्य उपयोग हेतु खेती में 5 X 5 मीटर, सजावटी या रक्षात्मक घेरे में उपयोग हेतु 5 X 5 मीटर तथा इमारती उपयोग हेतु 6 X 6 मीटर का अंतराल आदर्श है।

मेलोकाना बेस्सिफेरा

उभयाक्षी प्रजाति होने के कारण, कल्म उत्पादन अत्यंत बिखरा हुआ होता है। शाखा उत्पादन एवं इमारती उपयोग, दोनों के लिए 10 X 10 मीटर का चौड़ा रोपण अंतराल आदर्श है। आस–पास के क्षेत्र में झुरमुट के फैलाव को रोकने के लिए 60 सेमी. की खाई खोद देनी चाहिए।

ऑक्लैन्ड्रा ट्रावनकोरिया

इमारती उद्देश्य से खेती हेतु 6 X 6 मीटर का अंतराल सही पाया गया है। नहर, झरनों, नदी के किनारों पर 3 X 3 मीटर के अंतराल पर इसका रोपण करने से यह मिट्टी को बांधने का कार्य करती है।

थाइरोस्टैकिस ओलिवेरी

इमारती उद्देश्य से खेती हेतु 6 X 6 मीटर उपयुक्त है। इसमें दो पंक्तियों के बीच 1.0 X 2.5 मीटर का सघन रोपण भी किया जा सकता है। यह प्रजाति भी मिट्टी को मजबूती से बांधती है। अतः नहर, झरनों, नदी के किनारों पर इसे लगाया जाता है।

पुनर्भरण

बाँस के पेड़ अत्यधिक भोजन लेते हैं तथा तेजी से उर्वरकों को ग्रहण करते हैं। उर्वरक के प्रयोग से इनकी तीव्र वृद्धि होती है। इसके लिए इन्हें नाइट्रोजन, फास्फोरस एवं पोटाशियम के सम्पूर्ण समूह में उर्वरक की आवश्यकता होती है। नाइट्रोजन की अधिकता श्रेष्ठ होती है। उर्वरक की आवश्यकता के निर्धारण एवं पूर्वानुमान हेतु मिट्टी का विश्लेषण कर लेना चाहिए। एक वर्ष के पेड़ के रोपण हेतु

गड्ढे में प्रति पौधा 300 ग्राम आमोनियम फास्फेट, 150 ग्राम पोटाश तथा 5–10 किलोग्राम सड़े गोबर की खाद/गाय का गोबर/केंचुआ खाद डालना चाहिए। दूसरे वर्ष में उपरोक्त की आधी मात्रा डालनी चाहिए। इसके बाद कटाई तक उर्वरक डालने की आवश्यकता नहीं रहती। प्रथम कटाई के बाद, 1.5 किलोग्राम अमोनियम फास्फेट, 750 ग्राम पोटाश एवं 45 किलोग्राम गाय का गोबर डालना चाहिए। उवर्रक को झुरमुट के गिर्द बनी 15 सेमी. गहरी खाई में डालना चाहिए, जब मिट्टी पूर्णतः गीली हो तथा उर्वरक डालकर उसे मिट्टी से ढँक देना चाहिए। यदि कल्म गहरी ढाल वाली भूमि पर अवस्थित हो, तो उर्वरक को सीधे झुरमुट की जड़ में ही डालना श्रेष्ठ होता है परंतु प्रकंदों पर सीधे उर्वरक न पड़े। मानसून के आगमन के साथ जैविक उर्वरक डालना अच्छा रहता है। जैविक खाद एवं कम्पोस्ट, पोषक तत्वों के भण्डार हैं और इन्हें तैयार एवं इस्तेमाल करना भी आसान है। कार्बनिक तथा प्राकृतिक उर्वरक के कई अन्य स्रोत भी हैं। ये सूक्ष्मजीवों की सक्रियता को बढ़ाते हैं जिससे उर्वरक लम्बी अवधि तक पेड़ को पोषक तत्व प्रदान करते रहते हैं। रासायनिक उर्वरकों की तरह ये वर्षाजल में जल्दी बहते नहीं हैं।

पलवार (मल्चिंग)

पलवार से वाष्पीकरण द्वारा होने वाले नमी के ह्रास में कमी आती है तथा खरपतवार की वृद्धि भी नियंत्रित रहती है। पलवार के प्राकृतिक अपघटन के फलस्वरूप मिट्टी में पोषक तत्त्व मुक्त होते हैं और इस प्रकार जैविक कार्बन के मिलने से पौध की वृद्धि अच्छी होती है।

बाँस की झड़ी हुई पत्तियाँ पलवार सामग्री के रूप में काम आती हैं। इस पलवार से बाँस की वृद्धि के लिए आवश्यक सिलिका भी उन्हें प्राप्त हो जाती है। बाँस की वृहद वाटिका में, पलवार की गुणवत्ता बढ़ाने के लिए घास–फूस को काटकर या यांत्रिक रूप से छीलकर मिला देना चाहिए। खाद्य शाखाओं के उत्पादन हेतु रोपण में पलवार द्वारा संरक्षित नमी एवं धूप से सुरक्षा प्रदान करने से, स्वस्थ टहनियों का उत्पादन होता है। सभी रोपित बाँसों में 15–20 सेमी. गहरी तथा 2 मीटर व्यास की पलवार डालना चाहिए। पलवार डालने के बाद इसे मिट्टी से ढँक देना चाहिए।

निराई

बाँस के छोटे पौधों के अस्तित्व की रक्षा हेतु नियमित रूप से खरपतवार निकालना आवश्यक है। बाँस के कल्मों की तीव्र गति से वृद्धि तथा स्थापन हेतु दो

से तीन वर्षों तक नियमित निराई आवश्यक है। वर्षा ऋतु के तुरंत बाद स्थान और खरपतवार की मात्रा के अनुसार, खुरपी से निराई करना आवश्यक है। बाँस के गिर्द कम से कम 60 सेमी. तक का क्षेत्र खरपतवार एवं लत्तरों से मुक्त रखना चाहिए ताकि वे छोटे पौधों को दबा न सकें। तीसरे/चौथे वर्ष से, जब आमतौर पर झुरमुट स्थापित हो जाते है, बाँस के पत्ते झड़ने लगते हैं जिससे झुरमुट के आस–पास खरपतवार बढ़ नहीं पाते।

सिंचाई

सिंचाई से आमतौर पर बाँस की उत्पादकता में तीन गुणा वृद्धि होती है। जल संरक्षण की प्राकृतिक विधियाँ जैसे खाइयों एवं अर्धचंद्राकार खाइयों के निर्माण तथा पलवार के इस्तेमाल से नमी के संरक्षण में मदद मिलती है। कर्नाटक से प्राप्त रिपोर्ट के अनुसार, जब *डेन्ड्रोकैलेमस स्ट्रिक्टस* की सिंचाई की गयी तो इसका उत्पादन तीन गुणा बढ़ गया। हालांकि सिंचाई की आवश्यकता स्थानीय जलवायु एवं सूक्ष्म वातावरण के अनुसार भिन्न–भिन्न होती है। जलाभाव वाले क्षेत्रों में टपक सिंचाई एक किफायती पद्धति सिद्ध हुई है परंतु इसके लिए भूमि की तैयारी हेतु तकनीक और पूँजी की आवश्यकता होती है। टपक सिंचाई के इस्तेमाल से पानी की अच्छी बचत होती है अतः जलाभाव वाले क्षेत्रों में इसका इस्तेमाल करना चाहिए। टपक सिंचाई का एक और फायदा यह है कि इसके माध्यम से घोल में उर्वरक का प्रयोग किया जा सकता है।

प्रकंद के प्रसार द्वारा झुरमुट का क्षेत्र विस्तार

बाँस के प्रकंद भली भाँति सिंचित एवं उर्वर दोमट मिट्टी में त्वरित रूप से फैलते हैं। इसकी इस विशेषता के कारण अगल–बगल के भूखंडों में इसका प्रसार किया जा सकता है। इसके लिए एक 45 सेमी. गहरी एवं 60 सेमी. चौड़ी खाई प्रसार के लिए चुने गये भूखंड के बगल में खोदना चाहिए। इस खाई में सड़े गोबर की खाद डालकर 20 सेमी. मोटी फूस या पुआल की पलवार से ढँक देना चाहिए। इस परिस्थिति में प्रकंद 2 मीटर प्रति वर्ष की दर से फैलते हैं। अतः प्रत्येक वर्ष शाखायें निकलते ही बगल के भूखंड में एक के बाद एक क्यारियाँ बनाते जाना चाहिए। केवल भली–भाँति पोषित बाँस के ही प्रकंद तेजी से फैलते हैं।

मिट्टी ढीली करना

वर्ष में कम–से–कम दो बार बाँस के झुरमुट से 30–45 सेमी. दूर मिट्टी को 10–15 सेमी. गहराई तक ढीला करने से शाखाओं एवं जड़ों की अच्छी वृद्धि होती है। ऐसा करने से भूमि की जलधारण क्षमता, तापमान एवं वायु–पारगम्यता बढ़ती है, साथ ही मिट्टी की भौतिक एवं रासायनिक संघटन में भी सुधार होता है तथा खरपतवार में भी कमी आती है। झुरमुट के आधार की मिट्टी को सावधानी पूर्वक ढीला करना चाहिए ताकि उस सतह के नीचे से निकलते नये प्रकंद क्षतिग्रस्त न हो जायें। मिट्टी में नमी की मात्रा बढ़ाने के लिए धान की भूसी अथवा घास–पात जैसे अन्य पलवार का उपयोग किया जा सकता है। वृहद वाटिका में मिट्टी ढीली करने के लिए कृषि–यंत्रों का उपयोग करना चाहिए।

मिट्टी चढ़ाना

वैसे तो प्रकंद भूमि के अन्दर क्षैतिज रूप में वृद्धि करते हैं, पर जब शाखायें निकलने का समय आता है तब ये ऊपर की ओर, परंतु झुके कोण में बढ़ना शुरू करते हैं। प्रकंदों और जड़ों का जालतंत्र ही है जो बांस के लम्बे एवं भारी कल्मों को भूमि में मजबूती से पकड़े रखता है। संधिताक्षी बांसों में प्रकंद भूमि के अंदर क्षैतिज दिशा में बढ़ते हैं, केवल नये निकलने वाले कल्म ही ऊपर की ओर बढ़ते हैं। नये कल्मों के नीचे से निकलने वाली जड़ों के जमने के लिए मिट्टी की आवश्यकता होती है। हालाँकि जब कल्म पुराने हो जाते हैं, प्रकंद तंत्र भूमि से बाहर आने लगता है। ऐसा तब होता जब मिट्टी का कटाव होता है तथा पलवार बेहद पतली होती है। वृद्धि की इस अवधि में, अधिक धूप पड़ने से प्रकंदों की वृद्धि धीमी पड़ जाती है और रूक भी सकती है। भूमि के बाहर आये प्रकंद बहुत भारी झुरमुटों का निर्माण करते हैं तथा मिट्टी में मजबूत पकड़ न होने पर हवा या वर्षा से गिर जाते हैं। इसलिए स्थापन के कुछ वर्षों के बाद जब प्रकंद भूमि से बाहर दिखाई पड़ें तब उन पर मिट्टी चढ़ाना आवश्यक है। कल्म निकलने के ठीक पहले, झुरमुट के आधार को ढँकने के लिए इसके चारों ओर की मिट्टी ढीली कर, मिट्टी चढ़ायी जाती है। मिट्टी सामान्यतः 30–60 सेमी. की ऊँचाई तक चढ़ायी जाती है। पौधे के आधारीय भाग पर हमेशा ताजी, ढीली मिट्टी चढ़ाने की सलाह दी जाती है।

खाई निर्माण (ट्रेन्चिंग)

बाँस का सामूहिक जड़ तंत्र हालाँकि झुरमुट के लिए बहुत उपयोगी है क्योंकि यह मिट्टी की ऊपरी सतह से पोषक तत्वों का अवशोषण करने के साथ ही मिट्टी

को बांधकर अपरदन के बचाता है, परंतु इसकी कुछ हानियाँ भी हैं। इस प्रकार का सघन जड़ तंत्र आस पास के क्षेत्रों में अन्य फसलों की खेती में बाधा बन सकता है। इसके अतिरिक्त, पुराने झुरमुट के पुराने मृत प्रकंद एक भूमिगत जालतंत्र बना लेते हैं जो जल्दी अपघटित नहीं होते हैं तथा साधारण औजारों से इन्हें निकालना भी मुश्किल होता है। इससे न केवल नये कल्मों की मात्रा और गुणवत्ता पर प्रतिकूल प्रभाव पड़ता है, बल्कि परिपक्व कल्मों की कटाई भी मुश्किल हो जाती है। इस समस्या से निपटने के लिए कुछ उपाय किये जा सकते हैं। झुरमुटों के चारों ओर 60 सेमी. गहरी खाई खोदने से आस–पास के क्षेत्रों में बाँस की जड़ों/प्रकंदों का विस्तार नहीं हो पाता। एक और विकल्प यह है कि झुरमुट को 60 सेमी. की गहराई में मोटी प्लास्टिक की चादर अथवा सीमेन्ट की सिल्लियों को उर्ध्वाधर लगा कर घेर दिया जाय। सिल्लियों के बीच अंतराल नहीं छोड़ना चाहिए ताकि उनके बीच से जड़ें पार न हो सकें।

छँटाई

कुछ प्रजातियों में, वृक्ष की निचली गाँठों से ढेर सारी शाखायें निकली होती हैं जैसेः *डेन्ड्रोकैलेमस हैमिल्टोनी* एवं *बम्बुसा बाल्कूआ* में। इन शाखाओं की छँटाई करने से झुरमुट की सघनता कम होती है तथा झुरमुट को स्वस्थ हवादार वातावरण मिलता है। इसका परोक्ष प्रभाव नयी कोंपलों के विकास पर पड़ता है। दूसरे तथा तीसरे वर्ष में हल्की छँटाई करनी चाहिए और चौथे वर्ष में गहन छँटाई करनी चाहिए। छँटाई हमेशा दिसम्बर एवं जनवरी के महीनों में ही करनी चाहिए।

साफ–सफाई

बाँस में झुरमुट बनने की प्रक्रिया तीसरे वर्ष से प्रारम्भ होती है। इसका समुचित प्रबंधन अत्यावश्यक है। इसके प्रकंद अपकेन्द्रीय रूप से (केन्द्र से बाहर की ओर) वृद्धि करते हैं तथा इनसे निकली नयी शाखाओं से एक विशाल वृत्ताकार झुरमुट का निर्माण होता है। बाँस में इतनी अधिक शाखायें निकल सकती हैं कि यदि उन्हें व्यवस्थित न किया जाए तो वे आपस में बुरी तरह उलझ जाती हैं। इससे पुराने कल्मों तक पहुँचना तो मुश्किल ही हो जाता है, साथ ही नये कल्मों के ऊपर बढ़ने में भी बाधा पहुँचती है। नये कल्म मुड़कर टेढ़े–मेढे हो जाते हैं जिससे आगे चलकर झुरमुट सघन हो जाता है। इन विकृत कल्मों के कारण अच्छे कल्मों की कटाई करना भी मुश्किल हो जाता है। अतः झुरमुटों में से सभी बेकार और विकृत कल्मों

को हटाकर सफाई करना महत्वपूर्ण है। साफ एवं हवादार झुरमुट में स्वस्थ कल्मों का विकास होता है। मृत कल्म रोगाणुओं के घर बन सकते हैं और जल्दी सूख जाते हैं जिससे आग भड़कने का खतरा बढ़ जाता है। झुरमुटों की सफाई का उचित समय फरवरी–मार्च के दौरान होता है। इस अवधि में कड़ी ठंढ के बाद सुसुप्तावस्था समाप्त हो जाती है तथा सक्रिय वृद्धि पुनः शुरू होती है। अतः वृक्ष सफाई के कार्यों को झेलने के लिए तैयार रहता है।

झुरमुट को विरल करना

झुरमुट की सघनता को रोकने तथा कल्मों के समुचित विकास तथा कटाई में सुविधा हेतु तीसरे वर्ष से झुरमुट को पतला करना अनिवार्य होता है। कमजोर एवं विकृत कल्मों को झुरमुट में नहीं रहने देना चाहिए। झुरमुट को पतला करने एवं शाखाओं के निष्कासन द्वारा झुरमुट का आकार उपयुक्त रखा जा सकता है।

अंतरफसली कृषि

बाँस का रोपण काफी दूर–दूर पर किया जाता है जिससे छत्रक में कुछ वर्षों तक काफी अंतराल बना रहता है। इस अंतराल में किसान कम अवधि वाली फसलों को लगाकर अतिरिक्त आय प्राप्त कर सकते हैं। किसान एक ही खेत से विविध फसलों की खेती के उद्देश्य से 7 X 7 या 10 X 10 मीटर के अंतराल पर बाँस का रोपण कर सकते हैं जिससे उन्हें अधिक लाभ मिल सकता है। बाँस के साथ कई फसलों जैसे टमाटर, तरबूज, शकरकंद, अदरक एवं हल्दी की अंतरफसली खेती सफलतापूर्वक की जा सकती है। अदरक एवं हल्दी की फसलें छायादार स्थानों में अन्य फसलों की अपेक्षा अधिक सफलतापूर्वक उगायी जा सकती हैं। अतः इनकी खेती बाँस के आंशिक रूप से बंद छत्रक में भी की जा सकती है क्योंकि ग्रीष्म ऋतु में काफी पत्ते झड़ते हैं। बाँस के रोपवन में कुछ झाड़ीदार औषधीय पौधों को भी अंतराफसल के रूप में ले सकते हैं।

पूर्वोत्तर राज्यों में बाँस के साथ अंतराफसल के रूप में सोयाबीन एवं मक्के की खेती भी की जाती है। नाइट्रोजन की आपूर्ति बढ़ाने के लिए विशेष रूप से फलीदार फसलों की खेती करनी चाहिए। मिट्टी में नमी के संरक्षण के लिए फैलने वाली पत्तेदार आच्छादन फसलों की जैविक पलवार का उपयोग किया जा सकता है। इन अंतराफसलों की खेती से मिट्टी के पोषक तत्वों का पुनःचक्रण होता है एवं खरपतवार की वृद्धि कम होती है। अंतरफसली कृषि की समय सीमा, बाँस के रोपण के अंतराल

पर निर्भर करती है। जैसे ही छत्रक बंद होता है, छाया के कारण कई फसलें ठीक से पनप नहीं पातीं। इसलिए एक खास ऊँचाई पर कल्मों की छँटाई करना चाहिए ताकि अंतराफसल को लम्बे समय तक पर्याप्त धूप प्राप्त हो सके तथा किसानों को फसल का लाभ मिल सके।

❑❑❑

अध्याय 11

बाँस में कीट एवं रोग प्रबंधन

बाँस के सामान्य नाशीकीट हैं–*कॉलियोटेरा कर्कुलियानाइडिया* (तने का घुन), लेपिडोप्टेरा *नॉक्टुवाइडी* (तना–कृमि), *डिप्टेरा ऐन्थेमाइडिया* (तना पिल्लू), *ऑर्थोप्टेरा ऐक्रिडिडी* (बाँस का टिड्डा), *होमोप्टेरा एफिडिडी* (बाँस का एफिड), *होमोप्टेरा कॉक्सिडी* (बाँस के स्केल्स), लेपिडोटेरा *लाइमैन्ट्रिडी* (लाइमैन्ट्रिड बाँस पत्रनाशक) तथा लेपिडोप्टेरा *जैनिडी* (यानी धूमिल पंतगा)।

नाशीकीटों एवं रोगों के नियंत्रण के लिए सामान्यतः कटे भागों एवं अवशिष्ट पदार्थों को हटा कर स्वच्छता बरतना, ट्राइक्लोरोफॉन का अनुप्रयोग, कीटों को खोदकर निकालना, चोटग्रस्त टहनियों को ढँकना, मिट्टी की जुताई करना, अंडोत्पादन अवधि में डाइक्लोरवॉस अथवा 2, 2–डाइ क्लोरोविनाइल डाइमिथाइल फॉस्फेट (डी.डी.वी.पी) का छिड़काव करना, अंडों से बच्चे निकलने के पूर्व उन्हें नष्ट करना, रासायनिक कीटनाशकों का प्रयोग, चिड़ियों द्वारा नाशीकीटों का जैविक नियंत्रण तथा बाविस्टीन का छिड़काव आदि उपाय अपनाये जाते हैं। (ब्राउन, 1968)। स्टैंड संरचना में फेरबदल एवं जाति संघटन को विनियमित करना, कल्म के घनत्व, व्यास एवं आयु के संघटन को बनाये रखना, शाखाओं एवं कल्मों की कटाई की तीव्रता बढ़ाना, कल्मों के कटाई चक्र को छोटा करना, मिट्टी की देखभाल एवं ढीला करना, उर्वरक अनुप्रयोग को अपनाकर भी नाशीकीटों एवं रोगों का प्रबंधन किया जा सकता है।

कीटों के अलावा जड़ों, प्रकंदों, कल्मों, शाखाओं एवं टहनियों, पत्तों, कल्म आवरणों एवं पुष्पक्रमों के कई रोगों का भी पता चला है। बांस के झुण्डों में विविध रोगों एवं व्याधियों को फैलाने वाले 400 से अधिक कवकों, 3 जीवाणुओं तथा

एक–एक हाइटोप्लाज्मा (माइकोप्लाज्मा जैसा जीव), जीवाणु सदृश जीव तथा विषाणु का पता चला है। बाँस के झुण्ड में *स्टीरियोट्रैटम कॉर्टिसाइट्स, सिरारुआ बैम्बुसिक्ला* तथा *यूस्टिलैगो शिरैना* जैसे रोग भी पाये जाते हैं परन्तु अक्सर इनसे गम्भीर क्षति नहीं होती। परन्तु, सर्वाधिक विनाशक रोग है *सिरैप्टोस्फैरिया फिलोस्टैकिडिस* अथवा कल्म मृत्यु रोग।

कल्मों की सड़न

यह रोग *बम्बुसा बम्बोस, ब. बाल्कूआ, ब. पॉलिमॉर्फा, ब. वल्गैरिस, डेन्ड्रोकैलेमस लौंगिस्पैथस, डे. स्ट्रिक्टस* तथा *थाइरोस्टैकिस ओलिवेरी* प्रजातियों में पाया जाता है। इसके संक्रमण से कोमल सरस शाखायें सड़कर बदरंग हो जाती हैं तथा उनसे सड़े गुड़ जैसी बदबू आती है। अधिक वर्षा वाले क्षेत्रों में अत्यधिक संक्रमण के चलते कल्मों की उच्च मृत्यु दर देखी गयी है। इस रोग से कल्म का विकास नहीं हो पाता और वह पूरी तरह नष्ट हो जाता है। कल्म निकलने के बाद भारी वर्षा, जल जमाव, छेदक कीटों का प्रकोप तथा झुरमुट के कुप्रबंधन से यह संक्रमण पैदा होता है। मानसून आगमन के पूर्व झुरमुट के गिर्द कचरे की सफाई, जमीन के कचरे को जलाना, कल्म निकलने के पूर्व मिट्टी ढीली करना तथा मार्च–अप्रैल के दौरान पुराने कल्मों के निचले भाग से शाखाओं की छँटाई जैसे पारम्परिक उपायों द्वारा इस रोग के प्रकोप को कम किया जा सकता है।

विकसित होने वाले कल्मों की सड़न कई प्रजातियों में पाई जाती है परन्तु *बम्बुसा बम्बोस, ब. पॉलिमॉर्फा* तथा *डेन्ड्रोकैलेमस स्ट्रिक्टस* इससे अत्यधिक प्रभावित होते हैं। यह रोग कल्म आवरण के आधार पर पानी भरे भूरे धब्बों के रुप में प्रकट होता है। इस रोग को कल्म के विकास के दौरान *पुरोहिता सरविना* की संख्या को मोनोक्रोटोफॉस (0.05 प्रतिशत ए.आई.) कीटनाशक तथा 0.2 प्रतिशत ए.आई. कार्बेन्डाजिम (बाविस्टीन) अथवा मैन्कोजेब (डाईथेन एम–45) के छिड़काव से नियंत्रित किया जा सकता है।

बाँस का अंगमारी रोग

यह रोग *बम्बुसा न्यूटेन्स, ब. वल्गैरिस, ब. टुल्डा, ब. बाल्कूआ* एवं *ब. बम्बोस* में देखा जाता है। इस रोग से वृद्धि की प्रथम ऋतु में ही एक–एक करके कल्म मरने लगते हैं। इस रोग के प्रारम्भिक लक्षण तब प्रकट होते हैं, जब कल्मों की वृद्धि पूर्ण होने वाली होती है। इसमें पहले कल्म आवरण की परिपक्वता से पूर्व मृत्यु तथा

कोमल शीर्ष का क्षय होता है। फिर पर्वों पर परिगलित धब्बे बनते हैं जो शीघ्र फैलकर कल्म को नष्ट कर देते हैं। इस रोग को नियंत्रित करने के लिए निम्नलिखित स्वच्छता उपचार की सलाह दी जाती है।

- ❒ रोगग्रस्त कल्मों को काटकर हटाना,
- ❒ झुरमुट के रोगग्रस्त मलबे को खेत में ही जलाकर नष्ट करना,
- ❒ झुरमुट के चारों ओर नयी मिट्टी डालना तथा
- ❒ मानसून आगमन से पूर्व सतह पर हल्की (नियंत्रित) आग जलाना।

इस रोग के नियंत्रण के लिए 0.15 प्रतिशत सक्रिय तत्व कार्बेन्डाजिम तथा 0.3 प्रतिशत सक्रिय तत्व मैंकोजेब के मिश्रण अथवा 0.25 प्रतिशत सक्रिय तत्व कार्बेन्डाजिम एवं 3.1 सक्रिय तत्व फाइटोलान के मिश्रण का अनुप्रयोग करना चाहिए। बाँस के झुरमुट के चारों ओर की मिट्टी को कॉपर ऑक्सीक्लोराइड (0.2 प्रतिशत सक्रिय तत्व) से तर करने से भी इस रोग से बचाव होता है।

तन्तु अंगमारी रोग

इस रोग से बाँस की विविध प्रजातियों के कल्म, शाखायें एवं पत्ते प्रभावित होते हैं। अधिकांश प्रजातियों में यह रोग मानसून के दौरान उत्पन्न होता है तथा शुष्क अवधि आने पर समाप्त हो जाता है। इसमें पत्तियों पर भूरे रंग की बड़ी–बड़ी जलसिक्त विक्षतियाँ बनती हैं जो पत्र–शीर्ष की ओर फैलने लगती हैं। इस रोग को कम करने के लिए रोग–प्रभावित झुरमुटों में से रोगग्रस्त शाखाओं को छाँटकर निकाल देना चाहिए।

❒❒❒

अध्याय 12

बाँस में सामूहिक पुष्पण का प्रबंधन

बाँस के पौधों में सामूहिक पुष्पण की प्रक्रिया बहुत आम है। उत्तर–पूर्वी राज्यों में यह भ्रांति भी प्रचलित है कि बाँस में पुष्पण होने पर भुखमरी जैसी स्थिति पैदा होती है। मिजोरम में *मेलोकाना बेस्सिफेरा* में सामूहिक पुष्पण को मोतम के नाम से जाना जाता है (सिंघा एवं समूह, 2003)। इसी प्रकार, *डेन्ड्रोकैलेमस लौंगिस्पैथस* एवं *बम्बुसा टुल्डा* में पुष्पण को थिंगटम के नाम से जाना जाता है। प्रायः *मेलोकाना बेस्सिफेरा* में 18 से 20 साल के अंतराल पर सामूहिक पुष्पण पाया जाता है। मिजोरम में वर्ष 2005–07 के बीच में *मेलोकाना बेस्सिफेरा* में सामूहिक पुष्पण पाया गया। इससे पूर्व मिजोरम, त्रिपुरा तथा असम की बरक बेली में वर्ष 1959 में सामूहिक पुष्पण दर्ज किया गया।

सामूहिक पुष्पण की प्रक्रिया *बम्बुसा बम्बोस* एवं *डेन्ड्रोकैलेमस स्ट्रिक्टस* जैसी प्रजातियों में अत्यंत सामान्य है जिसका विशेष ध्यान रखना आवश्यक है। कई विदेशी अथवा अज्ञात नाम वाली प्रजातियों में पुष्पण के प्रकार से ही उनके कुल आदि की पहचान का अवसर मिलता है। इसलिए बाँस में जब भी पुष्पण हो सम्बंधित राज्य के राज्य बाँस अभियान निदेशकों अथवा आइ.सी.एफ.आर.आई. / राज्य वन अनुसंधान संस्थान की संस्थाओं को इसकी सूचना देनी चाहिए ताकि सम्बंधित अभिलेख एवं दस्तावेज को दर्ज किया जा सके। इस दस्तावेज से विभिन्न प्रजाातियों के पुष्प चक्र की सही पहचान करके अगले सामूहिक पुष्पण के वर्ष का पुर्वानुमान लगाया जा सकता है एवं बाँस उत्पादकों तथा वन विभागों द्वारा उसका समुचित प्रबंधन किया जा सकता है।

अप्रत्याशित सामूहिक पुष्पण बाँस की अज्ञात प्रजातियों की खेती का परिणाम होता है। सामान्यतः सामूहिक पुष्पण अधिकतर दूसरे या तीसरे वर्ष की शीर्ष

अवधि के साथ तीन या तीन से अधिक वर्षों में होता है। वाटिका में जब कुछ झुरमुटों में पुष्पण के व्यापक संकेत दिखने लगते हैं तथा नये कल्मों का निकलना बंद या काफी कम हो जाता है, तब यह समझ लेना चाहिए कि अब सामूहिक पुष्पण होने वाला है जो आने वाले वर्षों में झुरमुट की समाप्ति तक जारी रहेगा। इस नुकसान को कम करने के लिए बचे हुए कल्मों को शीघ्र काट लेना अच्छा रहता है। जिन झुरमुटों में पुष्पण की शुरूआत हो जाती है, लुगदी निर्माण एवं यांत्रिक प्रयोग के लिए उनके बाँसों की गुणवत्ता खराब हो जाती है और वे किसी काम के नहीं रह जाते हैं। अतः वैसे कल्मों को अपघटित होकर मिट्टी में पोषक तत्व बढ़ाने के लिए छोड़ देना उचित होता है।

संरक्षण तथा पारिस्थितिक दृष्टिकोण से बाँस के वनों को बिना हस्तक्षेप के छोड़ देना उचित रहता है क्योंकि मृत कल्म अपघटित होकर मिट्टी में पोषक तत्वों को बनाये रखते हैं। सामूहिक पुष्पण के बाद भारी मात्रा में झुरमुटों के क्षय से दावानल का खतरा बढ़ जाता है क्योंकि भारी मात्रा में सूखे बाँसों का ढेर लग जाता है। इसलिए जब कल्म सूखना शुरू हो तभी सावधानी बरती जानी चाहिए। जिन प्रजातियों के पुष्पण काल की जानकारी हो उनमें पुष्पन का लेश मात्र भी आभास होने पर बाँसों की कटाई कर लेनी चाहिए। परन्तु एक–तिहाई बाँसों को बीजोत्पादन तथा आने वाले वर्षों में उस क्षेत्र में पुनः बाँस उत्पादन हेतु छोड़ देना चाहिए।

किसी क्षेत्र में सामूहिक पुष्पण होते ही पर्याप्त मात्रा में बीज संग्रह कर लेना चाहिए क्योंकि प्रकृति के भरोसे छोड़ देने से सभी बीजों से अगणित पौधे उगते हैं जिनमें से बहुत कम पौधे जीवित रह पाते हैं। इन पौधों से उनकी प्रजाति की आयु एवं पुष्पण काल की जानकारी ज्ञात होती है। बीज उत्पादक झुरमुटों को बीज के संग्रह के बाद ही पूर्णतः हटाना चाहिए।

बीज एकत्र करने के लिए झुरमुट के नीचे प्लास्टिक की चादरें या जाल बिछाना चाहिए अथवा खरपतवार एवं घास–पात हटा कर गिरे बीजों को बुहारकर एकत्र कर लेना चाहिए। बीज स्थापन के बाद बाँस के मृत कल्मों को शीघ्रातिशीघ्र हटा देना चाहिए। सफल बीजस्थापन के पश्चात् वर्षा ऋतु के आगमन के बाद पुष्पण वाली वाटिका में हरी पौध की चादर–सी बिछ जाती है। इस अवस्था में पौध के अस्तित्व और समुचित विकास हेतु इस क्षेत्र को आग तथा पशुओं से सुरक्षित रखना चाहिए। इस अवस्था में पौध की विरलता तथा निराई भी आवश्यक होती है क्योंकि खरपतवार छोटे पौधों की वृद्धि को बाधित करते हैं। वनों में पुनर्विकास की सुविधा के लिए बाँस के पौधों के समूहों के चारों ओर खाइयों एवं टीलों के घेरों का निर्माण करना चाहिए।

❑❑❑

अध्याय 13

बाँस की कटाई

कटाई

प्रति वर्ष बाँस के कल्मों की कटाई करना लाभप्रद होता है क्योंकि इससे नयी शाखायें निकलती हैं तथा नियमित रूप से स्वस्थ कल्मों का उत्पादन होता रहता है। इससे सघन झुरमुट वाली प्रजातियों जैसे *बम्बुसा बम्बोस* एवं *डेन्ड्रोकैलेमस स्ट्रिक्टस* को अधिक लाभ प्राप्त होता है जिनकी प्राकृतिक परिवेश में कटाई करना दुष्कर है और कटाई के अभाव में इनकी उत्पादन क्षमता कम होती है। गैर–इमारती तथा अन्य हल्के–फुल्के प्रयोग हेतु वृक्षारोपण के तीन वर्षों के बाद से बाँस की कटाई शुरु की जा सकती है। हालाँकि झुरमुट पूर्णतः 4 वर्षों में परिपक्व होता है।

प्राकृतिक वन क्षेत्रों में, बाँस की जल्दी–जल्दी नियमित रुप से कटाई नहीं की जा सकती है, अतः लोगों को इस जानकारी के आधार पर ही बाँस की कटाई करनी चाहिए ताकि एक खास आयु के कल्मों की ही कटाई की जा सके। यदि झुरमुटों का प्रबंधन, छँटाई एवं उर्वरकों का प्रयोग किया जाता है, तो चयनित कल्मों की कटाई वार्षिक रुप से की जा सकती है। कल्मों की कटाई के लिए मानसून के बाद से जाड़े तक का समय उत्तम समय है। यह सुसुप्तावस्था की अवधि होती है जिस दौरान कल्मों में मण्ड (स्टार्च) की मात्रा कम होती है। इसलिए ये छेदक कीटों, दीमकों एवं अन्य पीड़कों से बचे रहते हैं।

कटाई में आसानी के लिए झुरमुट को पतला रखना चाहिए तथा झुरमुट की शुरूआत में ही कल्मों को इस प्रकार व्यवस्थित रखना चाहिए कि भविष्य में चुने हुए कल्म की कटाई में सुविधा हो। परिपक्व (सामान्यतः 3 वर्षीय) कल्मों की कटाई 70 प्रतिशत तक की जानी चाहिए अर्थात् पुराने कल्मों का एक निश्चित भाग छोड़कर कटाई करनी चाहिए ताकि नयी कल्मों की समुचित वृद्धि में बाधा न पहुँचे।

परिपक्व कल्म सामान्यतः झुरमुट के मध्य भाग में पाये जाते हैं तथा उन्हें प्रारम्भिक वर्षों में ही काट लिया जाना चाहिए। कल्म की कटाई इतनी ऊँचाई से करनी चाहिए कि भूमि के ऊपर केवल एक पर्व छूटे। एक से अधिक पर्व छोड़ने पर उनकी गाँठ से पुनः शाखायें निकलने लगेंगी जिससे पुरा झुरमुट झाड़ीदार हो जाएगा और आनेवाले वर्षों में कल्मों की वृद्धि एवं कटाई पर विपरीत प्रभाव पड़ेगा। पूरे झुरमट की कटाई करना भी श्रेयस्कर नहीं होता क्योंकि ऐसा करने पर झुरमुट झाड़ीदार रुप ले लेगा एवं नयी कटाई योग्य कल्में तैयार होने में 5–6 वर्ष लग जाएँगे। अतः यथासम्भव ऐसा करने से बचना चाहिए।

अच्छी वृद्धि करने वाले क्षेत्रों में बाँस की कटाई करना कड़ी मेहनत वाला कार्य है जिसके लिए बड़ी कुशलता की आवश्यकता होती है। कटाई का तरीका एवं स्तर तथा युक्ति एवं औजार का प्रयोग स्थानानुसार किया जाता है। जहाँ कल्म विशालकाय होते हैं तथा पावर टूल एवं औजारों का इस्तेमाल सम्भव नहीं होता वहाँ कटाई के लिए भारी दरांती एवं मोटे रस्सों का प्रयोग करते हैं। यहाँ यह ध्यान देने योग्य बात है भारी कल्मों की कटाई जोखिम से भरी होती है क्योंकि लचीले कल्मों पर बल पड़ने एवं झटके से नियंत्रण खो जाने से कल्मों के झुरमुट एवं काँटों में फँसने का खतरा रहता है। ऐसा विशेषतः उन बाँसों में होता है जिनकी कटाई वन के बाँसों की भाँति लम्बे समयान्तराल पर की जाती है।

परिपक्वता का निशान लगाना

जब कटाई करने वाला श्रमिक अकुशल हो, अथवा कल्म के रंग–रुप से उसकी आयु का पता न लगे, तो कटाई के लिए परिपक्व कल्म की पहचान के लिए नयी कल्मों के निकलने के समय ही सांकेतिक रंगों द्वारा उनपर निशान लगा देना चाहिए। इसके लिए तीन रंगों के समूह (गहरा, पीला, लाल एवं नीला) को चुना जा सकता है तथा जैसे ही कल्म निकलते है तथा उनके पर्व अनावृत्त होते हैं इनमें से एक रंग के एनामेल पेन्ट का एक खास निशान एक निश्चित ऊँचाई पर लगा दिया जाता है। उस वर्ष के सभी नये कल्मों पर यह निशान लग जाता है। अगले साल दूसरे रंग से निशान लगाया जाता है और फिर तीसरे वर्ष, कल्मों की कटाई कर दी जाती है, चौथे वर्ष के नये कल्मों पर निशान लगाने के लिए वही रंग दोहराया जा सकता है।

कटाई के उपाय

- सामान्यतः काटे गये कल्मों की संख्या पूर्ववर्ती वर्षों में निकली शाखाओं की संख्या से अधिक नहीं होनी चाहिए।
- कल्म में अविकसित एवं रोगग्रस्त शाखायें दिखते ही उन्हें हटा देना चाहिए।
- कटाई शुरू करने से पहले कल्मों का निरीक्षण कर, कटाई हेतु कल्मों का चयन कर लेना चाहिए।
- इस चुनाव में, परिपक्वता निशान लगाने की प्रक्रिया से काफी मदद मिलती है।
- चयनित कल्मों में, निचली गाँठों से निकली शाखाओं को हटा देना चाहिए। इससे कल्मों को काटकर निकालने में आसानी होती है।
- कल्मों को एक या दो पर्व ऊपर से काटना चाहिए। इससे प्रकंद के क्षतिग्रस्त होने का खतरा नहीं रहता।
- कल्मों को तिरछा काटना चाहिए ताकि बचे हुए कल्म के भाग में वर्षाजल जमा नहीं हो पाये एवं फफूँद, परजीवियों तथा कीटों को उसमें पनपने का अवसर न मिल पाए।
- काट कर गिराये गए बाँसों को संग्रह वाले स्थान तक, घसीटकर नहीं ले जाना चाहिए। ऐसा करने से उनकी त्वचा घिस जाती है और मूल्य कम मिलता है।

अति सघन झुरमुटों का उपाय/प्रबंधन

शुरूआत में (प्रथम एवं तृतीय से पंचम वर्ष तक) यदि झुरमुटों का सही तरीके से प्रबंधन नहीं किया गया, तो ये अतिसघन हो जाते हैं जैसे कांटेदार बाँसों (*बम्बुसा बम्बोस*) में होता है। अतिसघन झुरमुटों में प्रारम्भिक रुप से चयनित कल्मों की कटाई कर निकालने के दो तरीके हैं। पहले तरीके में, झुरमुट के बीच से होकर दो सुरंगें इस प्रकार बनाते हैं जो एक दूसरे को काटती हुई झुरमुट को 4 भागों में बाँट दें। इन चारों भागों में दो कल्मों के बीच के कल्मों को काटने के लिए पर्याप्त जगह मिल जाती है।

दूसरी विधि में कल्मों की कटाई में सुविधा हेतु झुरमुट को घोड़े की नाल अथवा औंधे "V" के आकार में रखा जाता है। इसके लिए झुरमुट का द्वार सर्वाधिक सघन

भाग के सामने बनाया जाता है। झुरमुट में से केवल एकवर्षीय, सीधे एवं अच्छी वृद्धि वाले कल्मों को छोड़कर सभी पुराने, सूखे एवं सड़े, ठूँठ कल्मों को हटा देना चाहिए। एक वर्ष से अधिक आयु के सीधे कल्मों को भी रखना चाहिए। परिधि की ओर कल्मों को विरल एवं सभी एकवर्षीय कल्मों को रखना चाहिए तथा पुराने कल्मों (अधिकतम पाँच) को उनमें बराबर से रखना चाहिए। इन विधियों में हालाँकि अत्याधिक लागत आती है एवं कुछ अपरिपक्व कल्म भी कट जाते हैं, पर इनसे झुरमुटों की असामान्य सघनता बचाव होता है, भविष्य में कटाई के लिए अधिक जगह बनती है तथा नई विकृतिरहित शाखाओं की समुचित वृद्धि में मदद मिलती है।

एक अन्य विधि में उच्च सघनता वाले बाँस–वृक्षों में, जैव मास को यांत्रिक रुप से निकाला जाता है, तथा अगला चक्र पुनः रोपण अथवा छोड़े गए भूमिगत प्रकंदों से नयी शाखाओं के उद्भव से शुरु होता है। विभिन्न प्रजातियों के झुरमुटों की पूर्णतः कटाई के बाद भी भूमि में बच गये प्रकंदों में पुनः उगने की शक्ति होती है।

❑❑❑

अध्याय 14

बाँस आधारित आर्थिकी एवं कृषि प्रणालियाँ

उत्पादकता

बाँस के झुरमुट का वार्षिक उत्पादन, प्रतिवर्ष उगने वाले नये कल्मों की संख्या पर निर्भर करता है। आगे चलकर नयी पत्तियों का उत्पादन भी इससे सम्बंधित है। कल्म दो या तीन वर्षों बाद परिपक्व होते हैं।

बाँसों द्वारा बायोमास उत्पादन के मामले में प्रजातियों एवं क्षेत्र के आधार पर काफी विविधता पायी जाती है। यहाँ तक कि एक ही क्षेत्र के अंतर्गत झुरमुट की सघनता, रोपण प्रकार तथा वन संवर्द्धन उपायों के अनुसार बाँस की उत्पादन क्षमता में भिन्नता पायी जाती है। विश्व भर की 26 प्रजातियों के अध्ययन के अनुसार एकाक्षिक एवं संधिताक्षी दोनों प्रकार के बाँसों में सतही बायोमास का कुल उत्पादन 7.0 से 165.0 टन/हक्टेयर के बीच पाया गया। झारखंड के चतरा एवं लातेहार में प्राकृतिक रूप से पाये जाने वाले बाँस (*डेन्ड्रोकैलेमस स्ट्रिक्टस*) का कुल बायोमास उत्पादन झुरमुट की सघनता के अनुसार 1.30 से 43.63 टन/हेक्टेयर दर्ज किया गया है। उपयुक्त रोपण में, समान मिट्टी एवं जलवायु के अंतर्गत 6 वर्षीय विविध प्रजातियों द्वारा उत्पादित सतही बायोमास का विवरण इस प्रकार है (सारणी–11):

सारणी 11. बाँस की 6 वर्षीय प्रजातियों द्वारा उत्पादित सतही बायोमास

बाँस की प्रजातियाँ	उत्पादित सतही बायोमास (टन/हेक्टेयर)
बम्बुसा बाल्कूआ	17.13
ब. बम्बोस	17.12
ब. न्यूटेन्स	16.39
ब. वल्गैरिस	12.91
डेन्ड्रोकैलेमस स्ट्रिक्टस	12.16

एकाक्षिक प्रजातियों में कल्म, शाखाओं एवं पत्तों द्वारा औसतन कुल उत्पादित बायोमास का प्रतिशत क्रमशः 82.0, 12.0 एवं 8.0 रहा तथा संधिताक्षी बाँसों में यह प्रतिशत 77.0, 13.0 तथा 10.0 रहा।

बाँस की प्रति हेक्टेयर उत्पादकता केवल बायोमास से नहीं बल्कि इसके भंडारण की तीव्रता अथवा प्रति झुरमुट कल्मों की संख्या के आधार पर निर्धारित होती है। भारत में बाँस का औसत उत्पादन केवल 0.33 टन/हेक्टेयर है जो कुप्रबंधन, अवैज्ञानिक उपयोग तथा अच्छी प्रजातियों की खेती में पर्याप्त पूँजी न लगाने के कारण काफी कम है। बाँस के प्राकृतिक वनों के प्रबंधन तथा इस कच्चे माल की स्थायी आपूर्ति सुनिश्चित करने की ओर अब तक पर्याप्त ध्यान नहीं दिया गया है जिसके परिणामस्वरूप बाँस के उपयोग के लाभ एवं महत्त्व घटता जा रहा है। कुछ प्रजातियों में देखा गया है कि बाँस वाटिका की गहन खेती तथा वैज्ञानिक प्रबंधन के फलस्वरूप अधिक उत्पादन प्राप्त किया जा सकता है। असम में *मेलोकाना बेसिफेरा* से 5 टन/हेक्टेयर (शुष्क भार) का उच्च वार्षिक उत्पादन प्राप्त होता है तथा *बम्बुसा टुल्डा* से 3.1 टन/हेक्टेयर का उत्पादन प्राप्त होता है। सिक्किम में 12 वर्षीय *बम्बुसा न्यूटेन्स* के 333 झुरमुट प्रति हेक्टेयर की सघनता वाली वाटिका में प्रति वर्ष 64 टन का उत्पादन दर्ज किया गया है। झारखंड की जलवायु में निम्नस्तरीय लैटेराइट मिट्टी में उर्वरक के अतिरिक्त अन्य वन संवर्द्धन क्रियाओं वाले 6 X 6 मीटर के अंतराल पर लगे बाँस में स्थापन के बाद से छठे, सातवें, आठवें एवं नौवें वर्ष के उपरान्त क्रमशः 1.3–2.3, 4.37–6.68, 9.37–12.45 एवं 9.95–14.28 टन/हेक्टेयर/वर्ष का व्यावसायिक उत्पादन दर्ज किया गया है।

बाँस उत्पादन की आर्थिकी

एक आंकलन के अनुसार, 1 हेक्टेयर भूमि में 4000 से 5000 कल्म (250 से 300 झुरमुट) की खेती से त्रि–वर्षीय चक्र में 750 से 1000 कल्म का प्रति वर्ष उत्पादन किया जा सकता है। अनुमान है कि 5 X 5 मीटर के अंतराल वाली एक वाटिका से लगभग 3.5 टन/हेक्टेयर/वर्ष का उत्पादन किया जा सकता है। अनुकूल स्थानों में *डेन्ड्रोकैलेमस स्ट्रिक्टस* के प्रत्येक झुरमुट में 15/18 मीटर ऊँचाई एवं 6–10 सेमी. व्यास के 30–50 कल्म हो सकते हैं। कर्नाटक से प्राप्त रिपोर्ट के अनुसार बाँस की खेती में छठे वर्ष में रु. 35000/हेक्टेयर/वर्ष की शुद्ध आय मिलनी शुरू होती है। कर्नाटक में बाँस के साथ *सिस्बानिया ग्रैंडीफ्लोरा, ल्यूसीना ल्यूकोसिफैला, लोटोनोसिस बैनेसी* एवं *कैजुरिना इक्वीजिटिफोलिया* की अंतरफसली कृषि का पता

चला है। एक अन्य वाटिका में *डेन्ड्रोकैलेमस स्ट्रिक्टस* के 5 X 5 मीटर अंतराल वाली ग्यारह वर्षों की खेती से रु. 7,000 की शुद्ध वार्षिक आय की प्राप्ति दर्ज की गई है।

झूम खेती के क्षेत्र में बाँस की भूमिका

पूर्वी हिमालयी क्षेत्र में झूम खेती सबसे अधिक प्रचलित कृषि प्रणाली है। अध्ययनों से यह देखा गया है कि झूम खेतों में परती अवधि के दौरान बाँस की झाड़ियों का घनत्त्व 24 साल तक बढ़ता जाता है एवं तत्पश्चात् अन्य झाड़ियों एवं वृक्षों की प्राबल्य बढ़ जाता है। मुख्य रूप से इन पुनर्विकसित जंगलों में बाँस की प्रजातियों जैसे *डेन्ड्रोकैलेमस हैमिल्टोनी, बम्बुसा टुल्डा, ब. खासियाना, नियोहॉजियस डुलुआ* के बायोमास का योगदान 4.0 टन/हेक्टेयर था। एक 14 वर्ष पुराने झूम खेत में स्थित बाँस के प्रति हेक्टेयर बायोमास में 217 किलोग्राम नाइट्रोजन, 63 किलोग्राम फॉस्फोरस, 773 किलोग्राम पोटाश, 85.4 किलोग्राम कैल्शियम एवं 65.7 किलोग्राम मैग्नीशियम पाया गया (वेंकटेष एवं समूह, 2005)। बाँस के पौधों में धनायनों विशेषकर पोटैशियम के प्रति आकर्षण होने के कारण इन धनायनों का संरक्षण करने में मदद मिलती है। बाँस की विभिन्न प्रजातियों में नाइट्रोजन, फॉस्फोरस एवं पोटैशियम के संरक्षण हेतु *नियोहॉजियस डुलुआ* सबसे प्रभावी पाया गया। अतः परती भूमि में स्थित पोषक तत्वों के त्वरित संग्रह, भंडारण और उनकी तेजी से मिट्टी में पूरक होने के कारण, अवक्रमित झूम भूमियों को स्थायित्व प्रदान करने हेतु बाँस की खेती एक प्रभावशाली रणनीति है।

बाँस एवं कृषि–वानिकी

प्राचीन काल से भारत के किसान अपने घर के पीछे स्थित बारियों, छोटे–छोटे खेतों, या खेत के घेरों पर बाँस की खेती करके अपनी जीविकोपार्जन करते रहे हैं। यह पौधे किसी झुण्ड या कृषि–वानिकी प्रणाली की तरह प्रतिबंधित किये जाते हैं (पातिराम एवं समूह, 2003)। कृषि–वानिकी, किसानों को उनके खेतों में छोटी और लम्बी अवधि के विविध निवेश के माध्यम से आर्थिक जोखिम की भरपाई के लिए एक प्रभावशाली अवसर प्रदान करता है। कृषि–वानिकी प्रणाली में पौध रोपण हेतु देश की मूल प्रजातियों को सुरक्षित विकल्प माना जाता है जो स्थानीय कृषि जलवायु के लिए हमेशा अनुकूल होती हैं (मित्रा एवं मुखर्जी, 2007)।

भारत में अनेक राज्यों जैसे असम, अरुणाचल प्रदेश, सिक्किम, केरल, तामिलनाडु, उड़ीसा, झारखंड और बिहार आदि में विभिन्न बाँस आधारित कृषि–वानिकी प्रणालियाँ यथा कृषि–वन सम्वर्द्धन, कृषि–बागवानी, वन संवर्द्धन–चारागाह प्रणाली प्रचलित हैं। सिक्किम प्रदेश के किसान, अपने पशुओं के चारे के लिए बाँस के

डेन्ड्रोकैलेमस हैमिल्टोनी एवं *डे. सिक्किमेन्सिस* प्रजातियों को नहरों एवं झरनों के किनारे खेत में लगाते हैं। नेपाल के तराई क्षेत्र में आम के बगीचों के साथ अन्य फसलों की अंतरफसली खेती की जाती हैं तथा इसकी चारदीवारी के लिए *डलवर्जिया सिसू* एवं *डेन्ड्रोकैलेमस स्ट्रिक्टस* को लगाते हैं।

कृषि–वानिकी में बाँस के साथ अंतरफसली कृषि हेतु छायादार स्थानों वाली फसलें जैसे हल्दी, अदरक, बड़ी इलायची, वनीला, चाय एवं कुछ औषधीय पौधे आदर्श माने जाते हैं। बाँस आधारित कृषि– वानिकी मॉडल से किसानों को बेहतर आय की प्राप्ति हो सकती है, साथ ही मिट्टी में सुधार, राष्ट्रीय वन क्षेत्र में वृद्धि, उद्योग के लिए कच्चे माल एवं ग्रामीणों के घरेलू उपयोग के लिए बाँस की प्राप्ति होती है। अनेक अंतराफसलों के प्रयोग के कारण बाँस वाटिका से प्रारम्भिक अवस्था में ही कृषि उत्पाद की प्राप्ति होने लगती है। किसी अन्य काष्ठीय फसल की तुलना में बाँस से जल्दी नियमित आय मिलनी शुरू हो जाती है। कृषि–वानिकी में अंतराफसलों के लिए अपनाये गये आदान जैसे सिंचाई, खाद एवं उवर्रक, निराई इत्यादि से बाँस के वृक्ष भी लाभान्वित होते रहते हैं तथा बिना प्रबंधन वाले बाँसों की तुलना में इन बाँसों की गुणवत्ता एवं उपज बेहतर होती है। इस प्रकार बाँस से प्राप्त कुल आय दूसरी काष्ठीय फसलों की तुलना में अधिक होती है। विभिन्न ऊँचाई एवं वृद्धि वाले बाँसों को बगीचों एवं अन्य खेतों की हवा अथवा पहाड़ी क्षेत्रों के पाले से सुरक्षा हेतु प्रयोग में लाया जा सकता है। खेतों के चारों तरफ बाँस की भली–भाँति बाड़ लगाकर फसल से अधिक उत्पादन प्राप्त किया जा सकता है।

मेघालय के कुछ क्षेत्रों में बाँस–सुपारी–पान आधारित कृषि आजीविका का मुख्य साधन है। इस पद्धति में सुपारी तथा पान, बाँस की विभिन्न प्रजातियों (*बम्बुसा टुल्डा, ब. पेलिडा, ब. बाल्कूआ, डेन्ड्रोकैलेमस हैमिल्टोनी, नियोहॉजियस डुलुआ, मेलोकाना बेस्सिफेरा*) के साथ उगायी जाती हैं।

मिजोरम में झूम खेती की अवक्रमित भूमि पर बाँस की एकल खेती की तुलना में *मेलोकाना बेस्सिफेरा* एवं *डेन्ड्रोकैलेमस लौंगिस्पैथस* के साथ सोयबीन की अंतरफसली कृषि से बेहतर परिणाम प्राप्त होते हैं। पूर्वोत्तर के सभी राज्यों में बाँस के साथ अनानास, हल्दी, अदरक, अरवी, कसावा, मिर्च की खेती काफी प्रचलित है।

त्रिपुरा में झूम खेती की भूमि के सुधार हेतु, दक्षिणी राज्यों में बाँस + सुपारी + शीशम + काली मिर्च तथा उत्तरी राज्यों में सुपारी + लीची + नींबू + मक्का + हल्दी एवं बाँस + आम, बाँस + मक्का, बाँस + अनानास के कृषि–वानिकी मॉडल लोकप्रिय हैं।

पश्चिम बंगाल की लाल लैटेराइट भूमि में बाँस की दो प्रजातियों (*बम्बुसा टुल्डा* और *ब. बाल्कूआ*) के साथ धान (उच्च भूमि), मूंगफली, लोबिया, भिंडी, लौकी, अरहर, हल्दी, ओल एवं अरबी जैसी फसलों वाले बाँस आधारित कृषि–वानिकी तंत्र पश्चिमी भूभाग के किसानों की जीविका सुरक्षा तथा स्वरोजगार का मुख्य साधन है।

कृषि जलवायु क्षेत्र के आधार पर प्रचलित कृषि–वानिकी तंत्र

देश के छः कृषि जलवायु क्षेत्रों के लिए बाँस आधारित कृषि–वानिकी तंत्र के विकास एवं निर्धारण हेतु किये गये एक अन्य अध्ययन में, बाँस की एकल खेती की तुलना में कृषि–वानिकी के अंतर्गत आने वाले बाँस के झुरमुट की ऊँचाई, छत्रक का आकार तथा कल्मों की संख्या अधिक पायी गयी। साथ ही एक–दूसरे की उत्तर जीविता, वृद्धि एवं उत्पादन पर बाँस एवं अंतराफसल का विपरीत प्रभाव नहीं पाया गया। बाँस एवं अंतराफसल दोनों की वृद्धि एवं उपज में 12 X 10 मीटर तथा 10 X 10 मीटर के अंतरालन की अंतरफसली कृषि से अधिक भिन्नता नहीं पायी गयी, हालाँकि नजदीकी अंतरालन (10 X 10 मीटर) में बेहतर परिणाम मिले।

बाँस आधारित कृषि वानिकी के लिए झांसी (उत्तर प्रदेश) में चना एवं तिल; काहीकुची (असम) के लिए हल्दी, अनानास एवं केला; झारग्राम (प. बंगाल) के लिए धान, बादाम, अरहर, हल्दी, ओल तथा अरबी; धारवाड़ (कर्नाटक) के लिए कपास; भुवनेश्वर (ओडिशा) के लिए तोरिया एवं तिल तथा दापोली (महाराष्ट्र) के लिए मंडुवा, शकरकंद एवं लोबिया अंतराफसलें उपयुक्त पायी गयी हैं (नाथ एवं समूह, 2012)।

झारखंड की जलवायु में *डेन्ड्रोकैलेमस ऐस्पर* के साथ सब्जी की 3 फसलों यथा–आलू, टमाटर एवं मटर की खेती का परीक्षण किया गया। इसमें मटर को *डे. ऐस्पर* के साथ सर्वाधिक उपयुक्त पाया गया।

तमिलनाडु में *बम्बुसा बम्बोस* के साथ अरदक एवं हल्दी की अपेक्षा अरहर एवं सोयाबीन की अंतरफसली खेती से अधिक उत्पादन प्राप्त हुआ। *ब. बम्बोस* के साथ अरहर एवं सोयाबीन की खेती एवं बाँस की एकल खेती में भूमि का समतुल्य अनुपात 1.2 हेक्टेयर अथवा 1.1 हेक्टेयर रहा।

❑❑❑

अध्याय 15

विशेष उद्देश्यों से बाँस का रोपण

जलमग्न रहने वाले तटीय क्षेत्र में बाँस की खेती

बाँस की जड़ें व्यापक होने के कारण मिट्टी में पकड़ बनाये रखती हैं। अतः इन्हें मिट्टी का कटाव रोकने के लिए नदियों, झरनों एवं जलाशयों के किनारों पर लगाया जाता है। बाँस वर्षा से सुरक्षा प्रदान कर अपवाह एवं मिट्टी के कटाव को रोकने में सक्षम होते हैं। बाँस टंकियों, झीलों तथा जलाशयों में बहकर आने वाली गाद को जमा होने से रोकते हैं। इस प्रकार *ऑक्लैन्ड्रा स्क्रिप्टोरिया* एवं *बम्बुसा मल्टीप्लेक्स* जैसी छोटे झुरमुट वाली प्रजातियों को लगाकर तटीय क्षेत्रों के बचाव में सफलता पायी जा सकती है।

झुरमुटों को मानसून की मुख्य अवधि के दौरान सबसे निचली पंक्ति में लगाया जा सकता है। चूँकि इन प्रजातियों का आकार छोटा होता है इन्हें 3 X 3 अथवा 4 X 4 के अंतराल पर लगाना आदर्श है। छोटे झरनों के किनारे एक पंक्ति का रोपण पर्याप्त होता है तथा बड़ी नदियों के ढलानयुक्त किनारों पर पहली पंक्ति से 3 मीटर ऊपर दूसरी पंक्ति लहरदार रूप से लगाना चाहिए। *ऑक्लैन्ड्रा ट्रावनकोरिया, मेलोकाना बेस्सिफेरा, बम्बुसा वल्गैरिस* आदि द्वितीय पंक्ति में रोपण हेतु उपयुक्त प्रजातियाँ हैं। इन प्रजातियों को लहरदार रूप में लगाकर नदी के सम्पूर्ण क्षेत्र में मिट्टी के कटाव को रोका जा सकता है। मृदा अपरदन को रोकने के लिए बाँस रोपण के साथ–साथ अन्य उपाय भी करना चाहिए। ढीले मलबे अथवा अस्थायी बाँस के टुकड़ों से निर्मित मिट्टीरोधी बांध (चेकडैम) द्वारा नालों का मुंह बंद करना चाहिए तथा दोनों तरफ बांस का रोपण करना चाहिए।

जलमग्न क्षेत्रों में जहां सम्भव हो, भूखंड से निचले क्षेत्र की ओर ढलवां चैनल बनाकर जल निकास करना चाहिए ताकि शेष क्षेत्र में बाँस की खेती की जा सके।

पहाड़ी एवं ढलवां क्षेत्र में बाँस का रोपण

पहाड़ी एवं ढलवां क्षेत्रों में विशेषतः भारत के पूर्वोत्तर राज्यों, उप–हिमालयी पहाड़ियों एवं पश्चिमी घाट में बाँस के प्राकृतिक जंगल पाये जाते हैं। इसलिए इन क्षेत्रो में चुनिंदा प्रजातियों के बाँस लगाये जा सकते हैं। क्षेत्र के आधार पर *बम्बुसा बम्बोस, ब. टुल्डा, डेन्ड्रोकैलेमस हैमिल्टोनी, डे. स्ट्रिक्टस, डे. स्टॉक्सी, मेलोकाना बेस्सिफेरा, ऑक्लैन्ड्रा ट्रावनकोरिया,* जैसी प्रजातियां उगायी जा सकती हैं। तेज हवा वाले क्षेत्र में बाँस रोपण नहीं करना चाहिए क्योंकि वर्षा ऋतु में जब बाँस का शीर्ष वजन बढ़ता है तो झुरमुट के गिरने का खतरा होता है। अच्छी वर्षा वाले क्षेत्रों में बाँस का रोपण भूमि के अनुसार छोटे–छोटे गड्ढों में करना ठीक रहता है। जिन क्षेत्रों में जल संरक्षण की आवश्यकता होती है लगभग 1 X 1 वर्ग मीटर या इससे लम्बे चबूतरे (यदि अंतराफसल लगानी है) बनाकर इसके किनारे पर ढीली मिट्टी को अर्धचन्द्राकार रूप में डाल देते हैं। इन क्षेत्रों में छोटे एवं मध्यम कद के बाँसों को लगाना आदर्श होता है। मिट्टी के कटाव को रोकने के लिए पंक्तियों एवं चबूतरे के बीच की पट्टियों को यथास्थिति छोड़ देना चाहिए। कम ढलान पर जल–रिसाव एवं अपवाह रोकने हेतु 1.0 X 0.5 X 6.0 मीटर की खाई खोद देनी चाहिए।

रेवाइन एवं नालों में बाँस का रोपण

भारत के पश्चिमोत्तर राज्यों में लगभग चार मिलियन हेक्टेयर में रेवाइन हैं जो छोटे बड़े, मध्यम एवं गहरे तथा सँकरे नालों से भरे हैं। अपरदन तथा वनस्पतियों के अनावरण से रेवाइन की अवनति होती रहती है। इससे आस पास की भूमि की उत्पादकता पर गम्भीर प्रभाव पड़ता है अतः इनके पुनर्वास एवं सदुपयोग की अत्यंत आवश्यकता है। अभियांत्रिक उपायों द्वारा पुनर्वास में अधिक पूंजी लगती है इसलिए भू–धारकों के लिए इनमें वनस्पति का आवरण स्थापित करना ज्यादा लाभदायक विकल्प है।

रेवाइन्स में बाँस रोपण में 80 प्रतिशत से अधिक वर्षाजल का अवशोषण किया जाता है तथा पोषक तत्त्वों का ह्रास 50–67 प्रतिशत तक घट जाता है। जलवायु परिवर्तन तथा भूमि एवं जल संरक्षण के परिप्रेक्ष्य में वनस्पति आच्छादन की अत्यधिक आवश्यकता है। राष्ट्रीय बाँस मिशन द्वारा रेवाइन भूमि में बाँस की खेती को बढ़ावा दिया जाता है। रेवाइन भूमि में *डेन्ड्रोकैलेमस स्ट्रिक्टस* की खेती सर्वाधिक उपयुक्त पायी गयी है। इसके लिए 4 X 4 मीटर का अंतराल एवं प्रति हेक्टेयर 400 पौधों का रोपण आदर्श है तथा इसमें खाई खोदना एवं जल संरक्षण

के अन्य उपायों को शामिल करना चाहिए। रेवाइन भूमि में डिग्रेडेड गली बेड्स में बाँस का तीन प्रकार से रोपण किया जा सकता है।

- लहरदार खाइयों में बाँस रोपण
- मिट्टी के बोरी बांधों की मदद से बाँस रोपण
- सक्रिय बोरी बांधों के रूप में कम अंतराल वाला बाँस रोपण

रेवाइन बेड्स में ढलान के साथ साथ, वर्षा आगमन से पूर्व 4 X 4 मीटर के अंतराल पर 0.5 मीटर X 0.5 मीटर X 2.0 मीटर आकार की लहरदार खाइयाँ बनायी जाती हैं। खुदाई से निकली मिट्टी को खाई की निचली तरफ बंद के रूप में जल संरक्षण हेतु जमा कर देना चाहिए। खाई के बीच में बाँस का रोपण सड़े गोबर की खाद भरे गड्ढों में किया जाता है। एक अन्य विधि में बाँस रोपण के साथ–साथ मिट्टी के बोरी बांध बनाये जाते हैं। पंक्तियों में मिट्टी भरी प्लास्टिक की थैलियाँ (नीचे 3 बैग चौड़ा, ऊपर दो बैग चौड़ा तथा शीर्ष पर एक पंक्ति का) रखी जाती हैं तथा शीर्ष और किनारे मिट्टी से भरे जाते हैं। ऐसे प्रत्येक बोरी बांध में दोनों किनारों पर 2 मीटर के अंतराल पर 2 पंक्तियों में बाँस लगाये जा सकते हैं। इस बीच में बोरी बांध बाँस रोपण 4 X 4 मीटर के अंतराल पर लहरदार रूप में किया जाता है। इस प्रकार के बाँस रोपण में, छोटे मिट्टी के बोरी बांधों में अपवाह, मिट्टी का कटाव तथा पोषक तत्व का ह्रास तथा गाद का अत्यधिक जमाव देखा गया है।

जलाभाव वाले क्षेत्र में बाँस का रोपण

जल की कमी वाले क्षेत्रों में प्रजातियों के चयन के अपेक्षा जल संरक्षण के उपायों को प्राथमिकता दी जाती है। इस प्रकार की पारिस्थितिकी में वृक्षारोपण हेतु *डेन्ड्रोकैलेमस स्ट्रिक्टस, डे. ऐस्पर, डे. हैमिल्टोनी* तथा *डे. स्टॉक्सी* इत्यादि का चयन करना चाहिए। वर्षाश्रित परिस्थिति में बाँस का रोपण गड्ढों में करना चाहिए जिनमें पौधे के आधार में वर्षा जल के जमाव के लिए थाल जैसा गड्ढा बना होता है। इसके बाद नमी संरक्षित रखने के लिए जैविक पदार्थ अथवा प्लास्टिक पलवार का प्रयोग किया जा सकता है। वन संवर्धन की इन तकनीकों के साथ ही बाँस रोपण की अन्य प्रक्रियाओं का भी पालन करना चाहिए। जल के समुचित उपयोग के लिए जब भी संभव हो एक टपक सिंचाई प्रणाली लगाना सर्वश्रेष्ठ होता है। इसके विकल्प के रूप में बाँस के जड़ में एक मिट्टी के गमले को गर्दन तक गाड़ देना चाहिए जिसका जल खत्म होने के बाद नियमित रूप से भरा जाना चाहिए। इसके परिवर्तित विकल्प

स्वरूप पानी से भरी एक प्लास्टिक की बोतल में एक बाती इस प्रकार लगायी जाती है कि इससे पानी धीरे–धीरे रिसता रहे। इसे जड़ के पास उल्टा गाड़ दिया जाता है। हाइड्रोजेल (जैसे जलशक्ति), जो अपने वजन से कई गुणा अधिक जल सोख लेते हैं, को पौधे के आस–पास की मिट्टी में मिलाना भी एक अच्छा उपाय है परन्तु इसका परीक्षण बाँस के खेत में नहीं किया गया है।

खारी एवं लवणीय मिट्टी में बाँस का रोपण

भारत की दस प्रतिशत से अधिक भूमि खारी एवं लवणीय मिट्टी वाली है जो कृषि के लिए उपयुक्त नहीं है। इन भूमियों में कहीं–कहीं लवण की मात्रा इतनी ज्यादा है कि भूमि पर लवण की परत देखी जा सकती है। वैज्ञानिक तरीकों से देश की इन भूमियों में पुनर्जनन द्वारा वनस्पति उगाना अत्यधिक महत्त्वपूर्ण है। ऐसी परिस्थिति में पनपने वाले पौधों में बाँस का प्रमुख स्थान है।

मिट्टी की क्षारीयता का उपचार जिप्सम, सल्फर चूर्ण, यूरिया या सल्फेट उवर्रक मिला कर किया जा सकता है। यदि इनमें कठोर पैन का निर्माण हो जाता है तो पैन को तोड़ कर पानी का रिसाव बढ़ाना चाहिए। मिट्टी में से लवणों के रिसाव तथा मिट्टी के जलनिकास में सुधार की विधियों का अपनाना चाहिए। क्षारीयता को हटाने के लिए जहाँ संभव हो वर्षो पूर्व तैयार टीलों पर बाँस का रोपण करना चाहिए। इस प्रकार की मिट्टी के लिए *डेन्ड्रोकैलेमस स्ट्रिक्टस* सर्वश्रेष्ठ प्रजाति है। अन्य प्रजातियों में *बम्बुसा मल्टीप्लेक्स, ब. मलिगेन्सिस, डेन्ड्रोकैलेमस हैमिल्टोनी* एवं *डे. ऐस्पर* की अनुशंसा की गयी है। *बम्बुसा वल्गैरिस* तटीय क्षेत्र की लवणीयता सहन करने वाली सशक्त प्रजाति है।

□□□

अध्याय 16

चारे के रूप में बाँस का प्रयोग

बाँस के पत्ते रोमंथी (जुगाली करने वाले) पशुओं के भोजन का महत्त्वपूर्ण हिस्सा हैं जो सालों भर हरे चारे के रूप में उपलब्ध रहते हैं। एशिया में बाँस के पत्तों को चारे के रुप में प्रयोग करने की परम्परा रही है। बाँस–वनों के 1 हेक्टेयर क्षेत्र से लगभग 90 से 150 टन पत्तियाँ प्राप्त हो जाती हैं। बाँस की कोमल पत्तियाँ पशुओं द्वारा बड़े चाव से खाई जाती हैं। इनके लिए पारम्परिक रूप से उगायी जाने वाली चारा फसलों एवं अन्य वृक्षों की तुलना में बाँस की पत्तियाँ कई प्रकार से अधिक लाभदायक हैं। इनसे खेती की अन्य फसलों के बराबर मात्रा में प्रति हेक्टेयर हरा चारा प्राप्त हो सकता है; ये अत्यंत विपरीत परिस्थिति में भी उत्पादन दे सकती हैं तथा इनकी खेती में बहुत अधिक आदान नहीं लगाना पड़ता है। त्वरित वृद्धि, उच्च बायोमास, अत्यधिक अनुकूलन तथा हरी पत्तियों की शीत ऋतु में भी उपलब्धता के कारण दुधारू पशुओं के चारे के स्थायी स्रोत के रुप में बाँस की खेती का प्रचार करने की आवश्यकता है। जिन क्षेत्रों में चारे की कमी है, उन क्षेत्रों में दुधारू पशुओं समेत अनेक पशुओं की पोषण आवश्यकताओं की पूर्ति हेतु बाँस की उपयुक्त पोषक प्रजातियों की खेती कर चारे की कमी को दूर किया जा सकता है। चारे के रूप में बाँस की कुछ प्रजातियों की गुणवत्ता नीचे दी गयी हैं (सारणी–12)।

सारणी 12. विभिन्न बाँसों के चारे की गुणवत्ता

प्रजाति	चारे की गुणवत्ता	खिलाने की ऋतु	पशु समूह प्राथमिकता
बम्बुसा बम्बोस	ठीक	शीत	बकरी
ब. बाल्कूआ	ठीक	वर्षा, ग्रीष्म	बकरी
ब. मल्टीप्लेक्स	ठीक	ग्रीष्म	बकरी
ब. न्यूटेन्स	अच्छा	वर्षा, ग्रीष्म	गाय, भैंस, बकरी
ब. टुल्डा	अच्छा	वर्षा, ग्रीष्म	गाय, भैंस, बकरी
ब. वल्गैरिस		वर्षा, ग्रीष्म	गाय, भैंस
डेन्ड्रोकैलेमस जाइगैन्टियस	ठीक	शीत	बकरी
डे. हैमिल्टोनी	बहुत अच्छा	ग्रीष्म, वर्षा, शीत	गाय, भैंस, बकरी, जंगली जानवर
डे. लौंगिस्पैथस		वर्षा, ग्रीष्म	गाय, बकरी
डे. मेम्ब्रेनेसियस	अच्छा	ठंढ	जंगली जानवर
डे. स्ट्रिक्टस		वर्षा	बकरी
मेलोकाना बेस्सिफेरा		वर्षा, गर्मी	गाय, भैंस, बकरी

भण्डारी एवं समूह, 2015

जिन प्रजातियों में 30 प्रतिशत से अधिक शुष्क भार, 50 प्रतिशत सुपाच्य कार्बनिक पदार्थ तथा शुष्क रूप में 10 प्रतिशत से कम राख होती है उन्हें उत्तम चारा माना जाता है। बाँस की विविध प्रजातियों की पत्तियों की गुणवत्ता के विश्लेषण से पता चलता है कि *बम्बुसा न्यूटेन्स* एवं *जाइगैन्टोक्लोआ अल्बोसिलिएटा* में 15 प्रतिशत अपक्व प्रोटीन होता है जो अच्छा कहा जा सकता है। अधिकांश बाँस की प्रजातियों में चारे की अन्य फसलों की अपेक्षा अधिक कठोर रेशे होते हैं जिसके कारण यह अन्य फसलों से कम सुपाच्य होता है। लिग्निन बाँस की पत्तियों में प्रचुर मात्रा में पाया जानेवाला एक अपाच्य पदार्थ है जो रेशे में से कार्बोहाइड्रेट को कम करता है। सामान्यतः हाइड्रोजन साइनाइड की 100 पी.पी.एम. से अधिक मात्रा विषैली मानी जाती है। बाँस की पत्तियों में यह अत्यंत कम मात्रा में मौजूद होता है। बाँस की कुछ चुनी हुई प्रजातियों के चारे का विश्लेषण नीचे दिया गया है (सारणी–13)।

सारणी 13. बाँस की विभिन्न प्रजातियों का चारा मान

प्रजाति	पत्ती : तना अनुपात	शुष्क पदार्थ	अपक्व प्रोटीन	कठोर रेशे	उदासीन उपमार्जक रेशे	अम्लीय उपमार्जक रेशे	अम्लीय उपमार्जक लिग्निन	नायलॉन बैग शुष्क पदार्थ पाचन क्षमता	हाइड्रोजन सायनाइड (पी.पी.एम)	सिलिका मात्रा
बम्बुसा बम्बोस	0.893	61.93	8.40	28.22	66.58	4723	1713	3380	0.460	0.252
ब. बाल्कूआ	0.737	48.95	8.78	22.09	70.56	41.30	18.30	30.85	0.071	0.155
ब. मल्टीप्लेक्स	0.738	51.15	13.54	45.93	68.77	47.87	16.15	29.85	0.125	7.62
ब. न्यूटेन्स	0.807	55.70	15.57	30.58	66.11	47.23	13.82	43.48	0.447	1.19
ब. टुल्डा	0.813	59.50	12.53	25.82	68.05	45.80	17.55	54.62	0.423	0.802
ब. वल्गैरिस	0.862	56.66	10.62	24.22	61.67	46.02	15.13	34.95	0.590	1.54
डेन्ड्रोकैलेमस जाइगैन्टियस	0.615	50.17	10.05	25.60	66.81	47.25	12.32	45.00	0.044	0.865
डे. हैमिल्टोनी	0.868	50.22	12.50	20.68	80.93	45.47	15.32	32.17	0.070	1.43
डे. लौंगिस्पैथस	0.840	53.05	9.57	23.18	61.95	43.55	13.72	23.38	0.272	0.202
डे. मेम्ब्रेनेसियस	0.812	46.46	12.73	24.81	66.60	45.25	16.25	32.73	0.525	0.288
डे. स्ट्रिक्टस	1.13	45.23	13.43	25.01	71.64	50.63	13.48	32.37	0.130	0.223
जाइगैन्टोक्लोआ अल्बोसिलिएटा	0.833	65.37	17.13	22.45	70.18	47.98	14.35	31.83	0.106	1.63
मेलोकाना बेस्सिफेरा	0.837	57.57	13.55	24.78	66.59	46.58	12.25	33.80	0.085	1.58
स्यूडोजाइटेनेन्थेरा स्टॉक्सी	1.19	57.27	14.20	27.85	67.12	47.58	14.00	28.32	0.185	5.53

भण्डारी एवं समूह, 2015

बाँस की प्रजातियों के चारा मान के मूल्यांकन के लिए किये गये एक अन्य अध्ययन के अनुसार इन्हें उच्च पोषक मान से घटते हुए क्रम में इस प्रकार रखा जा सकता है: *मेलोकाना बेस्सिफेरा* > *डेन्ड्रोकैलेमस हैमिल्टोनी* > *डे. हूकेरी* > *डे. ऐस्पर* > *बम्बुसा बम्बोस* > *ब. न्यूटेन्स* > *ब. 1* > *ब. ऑरिया* > *ब. वल्गैरिस* > *ब. वेन्ट्रिकोसा* > *डेन्ड्रोकैलेमस स्ट्रिक्टस* > *ब. टुल्डा* (साहू एवं समूह, 2010)।

❑❑❑

अध्याय 17

बाँस की खाद्य प्रजातियाँ

देश के उत्तर–पूर्वी क्षेत्र में बाँस सबसे प्रबल संसाधनों में से एक है जिसके बिना जनजातीय लोगों के जीवन की कल्पना नहीं की जा सकती। विभिन्न जनजातियों द्वारा उत्तर–पूर्वी क्षेत्र में बाँस के नये कोमल प्ररोहों को वर्ष भर खाद्य प्रदार्थ के रूप में उपयोग में लाया जाता है। इसके अतिरिक्त विभिन्न बाँस प्रजातियों के फरमेंटेंड (किण्वित) उत्पाद भी तैयार किए जाते हैं [(भट्ट एवं समूह, 2003, 2006; भट्ट एवं बुजरबरूआ, 2004) (सिंघा एवं समूह, 2002)]। इस प्रमुख संसाधन की विविध प्रकृति पर ध्यान देते हुए ही कृषि पर स्थाई समिति (13वीं लोकसभा) ने अपनी पंद्रहवीं सिफारिश में यह कहा है कि उत्तर–पूर्वी क्षेत्र में पाई जाने वाली खाने योग्य बाँस की प्रजातियों के विभिन्न पहलुओं पर गहन अनुसंधान की आवश्यकता है। समिति ने यह भी कहा है कि निर्यात के लिए संसाधित बाँस काफी अच्छा साबित हो सकता है। इसके परिणामस्वरूप, भारत के योजना आयोग ने बाँस के अंतर्गत अधिक क्षेत्र को लाने पर विशेष बल दिया है।

इस तथ्य को विचार में रखते हुए संपूर्ण उत्तर–पूर्वी पहाड़ी क्षेत्रों में बांस के तनों के उपभोग, उनकी बाजार संभावनाओं, उत्पादकता तथा लागत–लाभ विश्लेषण के साथ–साथ खाने योग्य ताजे बांस के तनों के पोषक मूल्यों की जानकारी के लिए सर्वेक्षण किया गया। इसके अलावा खाने योग्य बाँस की विभिन्न प्रजातियों के उत्पादन की संभावनाओं तथा लागत–लाभ का विश्लेषण भी किया गया ताकि खाने योग्य बाँस प्रजातियों के वैश्विक बाजार की खोज के लिए योजना की प्राथमिकता को निर्धारित किया जा सके। चीन, ताइवान तथा अन्य कई देश पहले से ही अंतर्राष्ट्रीय बाजारों में ताजे और किण्वित बाँस प्ररोहों का निर्यात कर रहे हैं। अतः भारत भी इस क्षेत्र में, वैश्विक बाजार में अपनी भूमिका निभा सकता है।

अपनाई गई विधि

बाँस के प्ररोहों के उपयोग पर मूलभूत आँकड़ों को एकत्रित करने के लिए स्थानीय रीति के आधार पर सर्वेक्षण विधियाँ अपनाई गईं। अरुणाचल प्रदेश, मेघालय, मिजोरम, नागालैंड, सिक्किम तथा त्रिपुरा राज्य के प्रत्येक जिले के विभिन्न स्थानों पर खाने योग्य प्रमुख बाँस प्रजातियों की पहचान के लिए एक प्रारंभिक सर्वेक्षण किया गया क्योंकि पूर्वोत्तर पर्वतीय राज्यों में सभी बाँस प्रजातियों के नए प्ररोहों का उत्पादन वर्षा ऋतु के प्रारंभ होने के साथ ही अर्थात् मई–जून में शुरू हो जाता है, अतः व्यावसायिक रूप से खाई जाने वाली बाँस प्रजातियों को चिह्नांकित करने का कार्य इन सभी सातों राज्यों में यादृच्छिक रूप से चयनित बाजारों में लगातार सर्वेक्षण द्वारा किया गया। प्रत्येक बाजार स्थल में उपलब्ध प्राथमिक तथा द्वितीयक वेंडरों की खोज करके पहले से तैयार प्रश्नावली के माध्यम से उनसे साक्षात्कार किया गया ताकि बाँस प्ररोहों के उपभोग की वार्षिक दर तथा इसके व्यावसायिक महत्व को समझा जा सके। सभी प्रकार के खाए जाने वाले बाँस प्ररोहों के बारे में व्यापार योग्य जानकारी जैसे कि मुद्रा निवेश/उत्पादन, संग्रह तथा बिक्री हेतु किए गए प्रयास, उपयोग का तरीका तथा पर्यावरणीय स्तर (वितरण, तीव्रता) तथा वनों/घरेलू बागानों में इनकी उपलब्धता से संबंधित सभी संभावित जानकारियां सभी बाजारों से एकत्रित की गईं। प्राप्त सूचना तथा एकत्रित आँकड़ों के आधार पर अन्य गौण जानकारियाँ भी तैयार की गईं (भट्ट एवं समूह, 2004, 2005)।

खाने योग्य बाँस प्रजातियों के पोषक तत्वों का विश्लेषण भी किया गया। ताजे एकत्रित किए गए नमूनों में एस्कॉर्बिक अम्ल, ट्रिप्टोफॉन तथा मेथियोनाइन की जांच की गई। प्रोक्सीमेट पोषक तत्त्व विश्लेषण, प्रमुख पोषक तत्वों के आंकलन तथा एच.सी.एन. विश्लेषण के लिए नए प्ररोहों को छोटे–छोटे टुकड़ों में काट कर उन्हें ओवेन में 24 घंटे तक 80±5 डिग्री सेन्टीग्रेड तापमान पर सुखाया गया। इन सुखाए गए प्रतिदर्शों को यांत्रिक ग्राइंडर में पीस कर इनका महीन चूर्ण बनाया गया ताकि इनको विश्लेषित किया जा सके।

पोषक तत्त्वों के विश्लेषण के लिए कई अनुशंसित विधियों को प्रयोग में लाया गया जैसा कि एलेन, एंडरसन तथा इंग्राम, एओएसी, होर्न इत्यादि, स्पाइज एवं चैम्बर तथा मेनार्ड ने बताया है। खाए जाने वाले बाँस के प्ररोहों का मात्रात्मक विश्लेषण, प्रोक्सीमेट विश्लेषण तथा निर्णायक विश्लेषण के लिए किया गया। विश्लेषण में प्रयुक्त विधियों का उल्लेख नीचे किया गया है।

प्रॉक्सीमेट न्यूट्रियेंट एनालिसिस

अधिक सूखे नमूनों को बॉम्ब कैलोरीमीटर में जलाने के पश्चात नए खाद्य योग्य प्ररोहों की खाद्य ऊर्जा मूल्य का पता लगाया गया। पादप सामग्री में राख तत्त्व के निर्धारण के लिए इसे तीन घंटे तक सिलिका क्रूसिबल में रखकर मफल फरनेस में 600 डिग्री सेन्टीग्रेड पर जलाया गया। इन प्ररोहों में कच्चे रेशे के निर्धारण के लिए अम्लीय तथा क्षारीय (एसिड एंड एल्केलाइन) डाइजेशन विधियों का प्रयोग किया गया। नाइट्रोजन के आंकलन के लिए जेल्डाल विधि द्वारा आंकलित नाइट्रोजन प्रतिशतता के बहुगुणन द्वारा आंकलित किया गया। एन्थ्रोन रियेजेंट का उपयोग करते हुए कोलोरीमेट्रिक विधि द्वारा कार्बोहाइड्रेट तत्त्व का आंकलन किया गया जो कि गर्म अम्लीय माध्यम में हरे से गहरे हरे रंग में परिवर्तित हो जाता है। नमूनों में अम्लीयता के निर्धारण के लिए फीनॉलेफ्थलीन इंडिकेटर का उपयोग किया गया। पादप नमूनों में क्रूड वसा के निर्धारण के लिए साक्सलेट उपकरण का उपयोग करते हुए पेट्रोलियम ईथर के साथ पादप सामग्री के ज्ञात भार निकालते हुए किया गया (भट्ट एवं समूह, 2005)।

खनिजों (मेक्रोन्यूट्रियेंट्स), विटामिन्स तथा एचसीएन का आंकलन

पादप सामग्री में कैल्शियम तथा मैग्नीशियम का निर्धारण ई.डी.टी.ए. (एथिलीन डायामिन–टेट्रा–एसिटिक एसिड के डायसोडियम साल्ट) टाइट्रेशन विधि द्वारा किया गया। पोटैशियम के आंकलन के लिए फ्लेम फोटोमीटर द्वारा वेट डायजेशन विधि को उपयोग में लाया गया जबकि फॉस्फोरस के आंकलन के लिए मोलिब्डेनम ब्ल्यू विधि में कोलोरीमेट्रिक द्वारा किया गया।

वाल्यूमेट्रिक विधि द्वारा विरंजक (2, 6–डाइक्लोरोफीनॉल इंडोफीनॉल) का उपयोग करते हुए एस्कॉर्बिक अम्ल का निर्धारण किया गया जो कि अम्लीय घोल में गुलाबी हो जाता है। खाने योग्य प्ररोहों में ट्रिप्टोफान का आंकलन स्पाई तथा चैम्बर की विधि द्वारा किया गया। मेथियोनाइन अंश को सोडियम नाइट्रोप्रुसाइड घोल के उपयोग द्वारा कोलोरिमैट्रिक विधि से आंकलित किया गया जो अम्लीकरण करने पर लाल हो जाता है। पादप नमूनों में एच.सी.एन. का आंकलन एल्केलाइन टाइट्रेशन विधि द्वारा किया गया (भट्ट एवं समूह, 2005)।

पूर्वोत्तर राज्यों में खाने योग्य बाँस की विभिन्न प्रजातियों का विवरण

पूर्वोत्तर राज्यों में खाने योग्य बाँस के विभिन्न प्रजातियों के प्ररोहों का आकार, प्रकार तथा भार का विवरण सारणी–14 के माध्यम से दर्शाया गया है:–

सारणी 14. खाने योग्य बाँस के विभिन्न प्रजातियों के प्रोहों का आकार, प्रकार तथा भार

क्र0 सं0	राज्य	बाँस प्रजातियाँ	बाँस प्ररोह			
			लम्बाई (से.मी.)	आधार व्यास (से.मी.)	आकार	भार (किग्रा./ प्ररोह)
1.	अरुणाचल प्रदेश	*डेन्ड्रोकैलेमस जाइगैन्टियस*	33.24	10.14	छोटे बुलेट के रूप में	1.672
		डे. हैमिल्टोनी	26.25	6.75	लंबे कोनिकल आकार	0.314
		डे. हूकेरी	30.55	6.85	कोनिकल	0.413
		मेलोकाना बेस्सिफेरा	25.45	3.51	कोनिकल से सिलिंड्रिकल	0.125
		फाइलोस्टिकिस बम्बुसाइड्स	28.15	4.15	सिलिंड्रिकल	0.125
2.	मणिपुर	*बम्बुसा बाल्कूआ*	31.00	10.11	शंकु आकार मोटा व छोटा	1.500
		डेन्ड्रोकैलेमस जाइगैन्टियस	34.00	10.93	छोटी बुलेट से लम्बी शंकु आकार	2.110
		डे. हैमिल्टोनी	28.05	6.45	शंकु आकार	0.470
		डे. लौंगिस्पैथस	34.33	4.03	बेलनाकार	0.325
		डे. सिक्किमेन्सिस	26.21	8.07	बुलेट आकार मोटा व छोटा	1.440
		मेलोकाना बेस्सिफेरा	23.27	3.25	बेलनाकार	0.107
		टीनोस्टैकियम विटी	13.00	0.84	बेलनाकार	0.125
		चिंग्वा	27.33	7.85	संकुचित बेलनाकार	0.625
3.	मेघालय	*बम्बुसा बाल्कूआ*	27.57	13.12	शंक्वाकार छोटी और मजबूत	2.870*
		डेन्ड्रोकैलेमस हैमिल्टोनी	28.65	8.17	शंक्वाकार	0.585*
		मेलोकाना बेस्सिफेरा	24.55	4.15	बेलनाकार	0.353*
4.	नागालैंड	*डेन्ड्रोकैलेमस जाइगैन्टियस*	36.67	12.77	छोटी गोली के आकार से लेकर लम्बा शंक्वाकार	1.730
		डे. हैमिल्टोनी	26.58	6.92	शंक्वाकार	0.621

		डे. मेम्ब्रेनेसियस	28.15	3.44	शंक्वाकार से बेलनाकार	0.321
		जाइगैन्टोक्लोआ रोस्ट्रैटा	35.00	10.35	शंक्वाकार	1.150
		खुप्री (अनजानी प्रजाति)	27.50	8.12	तंग शंकु आकार	0.450
5.	**सिक्किम**	*चिमोनोबम्बुसा हूकेरियाना*	29.13	3.28	तंग बेलनाकार	0.149**
		डेन्ड्रोकैलेमस हैमिल्टोनी	26.33	7.24	शंक्वाकार	0.697**
6.	**त्रिपुरा**	*बम्बुसा बाल्कूआ*	24.17	10.00	छोटा, मजबूत और मोटा	0.498
		ब. पॉलिमॉर्फा	21.00	2.60	छोटा मोटा	0.068
		ब. टुल्डा	23.88	4.94	बेलनाकार मोटा	0.165
		डेन्ड्रोकैलेमस हैमिल्टोनी	26.40	6.27	शंक्वाकार	0.440
		मेलोकाना बेस्सिफेरा	25.32	3.42	बेलनाकार	0.106
		साइजोस्टैकियम डुलूआ	17.67	1.03	बेलनाकार	0.048

* अस्वच्छ/छिलकायुक्त तने का वजन

** तने उबाल कर बेचे जाते हैं।

शाखाओं के खाद्य भाग का वजन *डेन्ड्रोकैलेमस जाइगैन्टियस* में अधिकतम (1.86 किलोग्राम/शाखा) होता है एवं इसके बाद *बम्बुसा बाल्कूआ* (1.6 किलोग्राम/शाखा), *डेन्ड्रोकैलेमस सिक्किमेन्सिस* (1.4 किलोग्राम/शाखा) एवं *जाइगैन्टोक्लोआ रोस्ट्रैटा* (1.2 किलोग्राम/शाखा) में पाया जाता है। शाखाओं का कम भार *मेलोकाना बेस्सिफेरा* में (0.17 किलोग्राम/शाखा), *फाइलोस्टिकिस बम्बूसाइड्स* (0.13 किलोग्राम/शाखा) तथा *साइजोस्टैकियम डुलूआ* (0.05 किलोग्राम/शाखा) में पाया जाता है।

नये बाँस के तनों का पोषक मूल्य

पोषक तत्त्व आंकलन

डेन्ड्रोकैलेमस सिक्किमेन्सिस में खाद्य ऊर्जा अधिकतम (16.90 मेगा जूल प्रति किग्रा.) और *टीनोस्टैकियम विटी* में न्यूनतम (14.64 मेगा जूल प्रति किलोग्राम) पाई गई। अन्य सभी प्रजातियों में उपलब्ध खाद्य ऊर्जा इन्हीं दो राशियों के बीच पायी

जाती है। *बम्बुसा न्यूटेन्स, ब. पेलिडा, डेन्ड्रोकैलेमस* प्रजातियों और *मेलोकाना बेस्सिफेरा* में जल की मात्रा बहुत अधिक (90 प्रतिशत से अधिक) होती है। बाँस की खाने योग्य विभिन्न प्रजातियों में राख की मात्रा 2.07 से 3.72 प्रतिशत के बीच पाई गई।

बाँस के मुलायम प्ररोहों में खनिज तत्त्वों का जमाव *टीनोस्टैकियम विटी* में सर्वाधिक तत्पश्चात् *डेन्ड्रोकैलेमस लौंगिस्पैथस, डे. हूकेरी* और *बम्बुसा बाल्कूआ* में पाया गया, जबकि न्यूनतम राख की मात्रा *फाइलोस्टिकिस बम्बुसाइड्स* में रिकार्ड की गई। मोटे रेशों की अधिकतम (37.2 प्रतिशत) मात्रा *मेलोकाना बेस्सिफेरा* के खाने योग्य तनों में रिकार्ड की गई। तत्पश्चात् यह *डेन्ड्रोकैलेमस हूकेरी* (34.73 प्रतिशत) और *बम्बुसा न्यूटेन्स* (28.54 प्रतिशत) में पाई गई। विभिन्न प्रजातियों में से *फाइलोस्टिकिस बम्बुसाइड्स* में कच्चा रेशा सबसे कम (23.05 प्रतिशत) पाया गया (भट्ट एवं समूह, 2005)।

बाँस की खाने योग्य विभिन्न प्रजातियों में प्रोटीन का स्तर 2.44 से 3.68 प्रतिशत के बीच पाया गया जिसमें *डेन्ड्रोकैलेमस हैमिल्टोनी* में अधिकतम प्रोटीन पाया गया जो कि *फाइलोस्टिकिस बम्बुसाइड्स* के बराबर था। 11 प्रजातियों में से 8 में प्रोटीन की मात्रा 3 प्रतिशत से अधिक थी। कार्बोहाइड्रेट्स की मात्रा 4.4 *(डेन्ड्रोकैलेमस हूकेरी)* से 5.19 प्रतिशत *(बम्बुसा बाल्कूआ)* के बीच पाई गई।

खाने योग्य नए तनों में अम्लीयता का प्रतिशत 3.32 से 5.20 के बीच पाया गया। सभी प्रजातियों में से *बम्बुसा पेलिडा* में अधिकतम अम्लीयता थी तत्पश्चात् यह *डेन्ड्रोकैलेमस जाइगैन्टियस* में पाई गई। *टीनोस्टैकियम विटी* में अम्लीयता सबसे कम पाई गई।

डेन्ड्रोकैलेमस हूकेरी के कोमल तनों में वसा की मात्रा अधिकतम (2.10 प्रतिशत) पायी गई तत्पश्चात् यह *बम्बुसा बाल्कूआ* (1.67 प्रतिशत), *टीनोस्टैकियम विटी* (1.29 प्रतिशत) और *डेन्ड्रोकैलेमस हैमिल्टोनी* (1.15 प्रतिशत) में पाई गई। सभी प्रजातियों में से *डेन्ड्रोकैलेमस लौंगिस्पैथस* में वसा की मात्रा न्यूनतम (0.42 प्रतिशत) देखी गई।

खनिज तत्वों की मात्रा

विभिन्न प्रमुख पोषकों में से *डेन्ड्रोकैलेमस सिक्किमेन्सिस* के कोमल तनों में कैल्शियम की मात्रा (1.86 ग्राम / 100 ग्राम) अधिकतम थी जो इसके बाद *डेन्ड्रोकैलेमस*

हूकेरी (1.64 ग्राम / 100 ग्राम) में पाई गई जबकि *डेन्ड्रोकैलेमस जाइगैन्टियस* के खाने योग्य तनों में इसकी न्यूनतम मात्रा देखी गई (1.20 ग्राम / 100 ग्राम)। ग्यारह खाने योग्य बाँस की प्रजातियों में पोटैशियम की मात्रा 0.021 से 0.027 ग्राम / 100 ग्राम के बीच पायी गई जो *बम्बुसा बाल्कूआ* और *ब. न्यूटेन्स* में अधिकतम एवं *डेन्ड्रोकैलेमस हैमिल्टोनी* में न्यूनतम थी।

फास्फोरस की मात्रा जो विभिन्न प्रजातियों में ज्ञात की गई, वह 0.54 से 1.03 ग्राम / 100 ग्राम के बीच थी तथा *डेन्ड्रोकैलेमस हूकेरी* में अधिकतम (1.03 ग्राम / 100 ग्राम) तत्पश्चात् *बम्बुसा बाल्कूआ* (0.93 ग्राम / 100 ग्राम) और *ब. न्यूटेन्स* (0.91 ग्राम / 100 ग्राम) में पाई गई। बाँस की विभिन्न प्रजातियों के कोमल तनों में मैग्नीशियम की मात्रा 0.040 से 0.046 ग्राम / 100 ग्राम के बीच घटती–बढ़ती पाई गई।

विटामिन

डेन्ड्रोकैलेमस हैमिल्टोनी के कोमल तनों में एस्कॉर्बिक अम्ल की मात्रा सर्वाधिक पायी गई (12.88 मिलीग्राम / 100 ग्राम) तत्पश्चात् यह *डे. हूकेरी* (9.85 मिलीग्राम / 100ग्राम) और *मेलोकाना बेस्सिफेरा* और *बम्बुसा पेलिडा* (7.58 मिलीग्राम / 100 ग्राम) में पाई गई जबकि एस्कॉर्बिक अम्ल की निम्नतम मात्रा *डेन्ड्रोकैलेमस सिक्किमेन्सिस* में (3.03 मिलीग्राम / 100 ग्राम) पाई गई। ट्रिप्टोफान की मात्रा *डेन्ड्रोकैलेमस जाइगैन्टियस* के तनों में सर्वाधिक (1.70 ग्राम / 16 ग्राम नाइट्रोजन) थी जो इसके बाद *बम्बुसा पेलिडा* और *डेन्ड्रोकैलेमस सिक्किमेन्सिस* (1.39 ग्राम / 16 ग्राम नाइट्रोजन), *मेलोकाना बेस्सिफेरा* (1.37 ग्राम / 16 ग्राम नाइट्रोजन) और *डेन्ड्रोकैलेमस हूकेरी* (1.23 ग्राम / 16 ग्राम नाइट्रोजन) में क्रमशः पाई गई।

विभिन्न प्रजातियों में से ट्रिप्टोफान की निम्नतम मात्रा *टीनोस्टैकियम विटी* में रिकार्ड की गई (0.39 ग्राम / 16 ग्राम नाइट्रोजन)। बाँस की खाने योग्य प्रजातियों में मेथिओनिन की मात्रा भी आंकलित की गई और यह *फाइलोस्टिकिस बम्बुसाइड्स* के नरम तनों में सर्वाधिक (0.77 ग्राम / 16 ग्राम नाइट्रोजन) तत्पश्चात् *बम्बुसा न्यूटेन्स* (0.64 ग्राम / 16 ग्राम नाइट्रोजन), *डेन्ड्रोकैलेमस सिक्किमेन्सिस* (0.62 ग्राम / 16 ग्राम नाइट्रोजन) और *डे. हूकेरी* (0.61 ग्राम नाइट्रोजन) में रिकार्ड की गई। मेथिओनिन की न्यूनतम मात्रा *डेन्ड्रोकैलेमस लौंगिस्पैथस* के नये तनों में (0.26 ग्राम / 16 ग्राम नाइट्रोजन) में पाई गई।

हाइड्रोसायनिक अम्ल (एच.सी.एन.) की मात्रा

नये बाँस के तनों में उपलब्ध एच.सी.एन. एक महत्वपूर्ण, पोषक विरोधी तत्त्व है। एच.सी.एन. की मात्रा खाने योग्य बाँस के तनों में सर्वाधिक (0.021 प्रतिशत) *बम्बुसा टुल्डा* तत्पश्चात् *ब. बाल्कूआ* (0.020 प्रतिशत), *डेन्ड्रोकैलेमस लौंगिस्पैथस* (0.018 प्रतिशत), *डे. हूकेरी* (0.017 प्रतिशत), *बम्बुसा न्यूटेन्स* (0.016 प्रतिशत) और *टीनोस्टैकियम विटी* (0.015 प्रतिशत) में पाई गई। जबकि विभिन्न प्रजातियों में न्यूनतम एच.सी.एन. की मात्रा (0.009 प्रतिशत) *फाइलोस्टिकिस बम्बुसाइड्स* के नरम तनों में पाई गई (सारणी–15)।

सारणी 15. पूर्वोत्तर पर्वतीय क्षेत्रों में बाँस की खाने योग्य प्रजातियों में एच.सी.एन. की मात्रा

बाँस की प्रजाति	एच.सी.एन. का प्रतिशत
जाइगैन्टाक्लोआ रोस्ट्रैटा	0.015 ± 0.01
टीनोस्टैकियम विटी	0.015 ± 0.01
डेन्ड्रोकैलेमस जाइगैन्टियस	0.013 ± 0.03
डे. हैमिल्टोनी	0.011 ± 0.01
डे. हूकेरी	0.017 ± 0.05
डे. मेम्ब्रेनेसियस	0.017 ± 0.02
डे. लौंगिस्पैथस	0.018 ± 0.02
डे. सिक्किमेन्सिस	0.012 ± 0.01
फाइलोस्टिकिस बम्बुसाइड्स	0.009 ± 0.00
बम्बुसा बाल्कूआ	0.020 ± 0.03
ब. पॉलिमॉर्फा	0.016 ± 0.02
ब. टुल्डा	0.021 ± 0.04
मेलोकाना बेस्सिफेरा	0.013 ± 0.00
साइजोस्टैकियम डुलूआ	0.010 ± 0.03

ताजे बाँस के तनों से प्राप्त वार्षिक पोषण

ताजे बाँस के तनों से प्राप्त वार्षिक संपूरक पोषण का भी आंकलन किया गया। विभिन्न प्रजातियों में से अन्य प्रजातियों की अपेक्षा *डेन्ड्रोकैलेमस हैमिल्टोनी* में अधिकतम राख, मोटे रेशे, प्रोटीन, कार्बोहाइड्रेट्स और वसा प्राप्त होती है। अन्य

प्रजातियों में से राख और प्रोटीन की मात्रा के आधार पर *डेन्ड्रोकैलेमस हैमिल्टोनी* का स्थान द्वितीय रहा। कार्बोहाइड्रेट्स तथा वसा की मात्रा में *डेन्ड्रोकैलेमस जाइगैन्टियस* का स्थान *डे. हैमिल्टोनी* के बाद पाया गया। विभिन्न प्रजातियों की अंतःपारस्परिक तुलना से पता लगा कि वार्षिक संपूरक पोषण में *डे. हैमिल्टोनी* ने क्रमषः 28.17, 25.65, 31.24, 27.17 और 21.38 प्रतिशत सकल पोषक तत्त्वों का योगदान किया। औसतन, नये बाँस के तनों से समस्त राज्यों में क्रमशः 11216.70, 117965.34, 14012.41, 20813.61 और 3675.99 किलोग्राम राख, मोटे रेशे, प्रोटीन, कार्बोहाइड्रेट्स और वसा की पूर्ति होती है (सारणी–16)।

सारणी 16. पूर्वोत्तर पर्वतीय क्षेत्रों में खाने योग्य बाँस की मुख्य प्रजातियों से प्राप्त वार्षिक संपूरक खनिज पदार्थ और विटामिन (कि.ग्रा. / वर्ष)*

प्रजातियाँ	तना	राख	कच्चा रेशा	प्रोटीन	कार्बोहाइड्रेट	वसा
जाइगैन्टोक्लोआ रोस्ट्रैटा	2,316.60	72.28	532.80	72.70	108.20	14.80
टीनोस्टैकियम विटी	4,388.50	163.25	1,037.90	159.50	213.90	49.15
डेन्ड्रोकैलेमस जाइगैन्टियस	87,520.00	1,899.21	24,173.00	2,433.10	4,297.20	630.10
डे. हैमिल्टोनी	1,18,957.00	3,271.32	30,262.70	4,377.62	5,654.40	786.00
डे. हूकेरी	21,173.10	669.07	7,353.42	722.00	948.60	444.60
डे. लौंगिस्पैथस	416.74	14.13	111.30	10.80	19.60	1.75
डे. मेम्ब्रेनेसियस	606.30	15.76	200.10	20.60	27.30	12.73
डे. सिक्किमेन्सिस	82,019.20	2,134.84	19,258.11	2,575.40	3,830.30	524.90
फाइलोस्टिकिस बम्बुसाइड्स	32,309.28	668.80	7,447.30	1,182.50	1,560.50	226.20
बम्बुसा बाल्कूआ	37,328.39	1,157.20	9,851.00	1,228.10	1,937.30	522.60
ब. पॉलिमॉर्फा	315.00	9.54	81.90	10.40	16.10	5.00
ब. टुल्डा	3,061.00	90.00	734.60	105.00	144.50	21.43
मेलोकाना बेस्सिफेरा	45,301.20	1,041.93	16,852.05	1,105.40	2,043.10	434.90
साइजोस्टैकियम डुलूआ	261.00	8.14	60.16	9.29	12.61	1.83
महायोग	**4,35,973.31**	**11,216.37**	**1,17,956.34**	**14,012.41**	**20,813.61**	**3,675.99**

*उत्पादकता और पोषण मूल्य, खाने योग्य तनों के शुष्क भार के आधार पर निकाले गए।

इसी प्रकार, अन्य प्रजातियों की तुलना में *डेन्ड्रोकैलेमस हैमिल्टोनी* में कैल्शियम, पोटैशियम, फास्फोरस, मैग्नीशियम, एस्कॉर्बिक अम्ल और मेथिओनिन भी सर्वाधिक मात्रा में पाया गया। *डेन्ड्रोकैलेमस जाइगैन्टियस* के नये तनों में ट्रिप्टोफान की अधिकतम पूर्ति पाई गई। बाँस की प्रजातियाँ, प्रोटीन, वसा और कार्बोहाइड्रेट्स की

तुलना में विशेष रूप से खनिज तत्त्वों व विटामिनों से भरपूर हैं। पूर्वोत्तर पर्वतीय क्षेत्र के आदिवासी लोगों की पोषण आवश्यकताओं को पूर्ण करने में बाँस की प्रजातियों द्वारा औसतन 6394.47, 99.76, 3082.11, 184.63, 33.295, 5840.64 और 2,326.0 किलोग्राम कैल्शियम, पोटेशियम, फास्फोरस, मैग्नीशियम, एस्कार्बिक अम्ल, ट्रिप्टोफान और मैथियोनिन तत्वों की आपूर्ति हुई (सारणी–17)।

सारणी 17. पूर्वोत्तर पर्वतीय क्षेत्रों में बाँस की खाने योग्य मुख्य प्रजातियों से प्राप्त वार्षिक संपूरक खनिज पदार्थ और विटामिन (कि.ग्रा./वर्ष)*

बाँस की प्रजातियाँ	कैल्शियम	पोटैशियम	फास्फोरस	मैग्नीशियम	एस्कॉर्बिक अम्ल	ट्रिप्टोफोन	मेथिओनिन
जाइगैन्टोक्लोआ रोस्ट्रैटा	43.09	0.510	16.45	0.99	0.123	32.20	14.36
टीनोस्टैकियम विटी	54.67	1.011	23.43	1.87	0.290	16.92	22.56
डेन्ड्रोकैलेमस जाइगैन्टियस	1,050.24	21.880	621.39	40.2	5.950	1,487.85	402.59
डे. हैमिल्टोनी	1,724.87	24.981	678.05	47.58	15.320	1,451.27	666.16
डे. हूकेरी	347.2	4.660	218.08	8.68	2.085	260.42	129.16
डे. लौंगिस्पैथस	5.21	0.101	2.33	0.18	0.022	2.83	1.08
डे. मेम्ब्रेनेसियस	9.09	0.150	3.03	0.25	0.031	4.12	1.58
डे. सिक्किमेन्सिस	1,525.56	18.040	582.34	35.27	2.485	1,140.06	508.52
फाइलोस्टिकिस बम्बुसाइड्स	429.71	7.110	216.47	13.25	1.958	365.09	248.78
बम्बुसा बाल्कूआ	522.60	10.080	347.15	15.30	1.410	410.61	190.37
ब. पालिमॉर्फा	4.41	0.091	2.93	0.13	0.012	3.15	1.58
ब. टुल्डा	40.09	0.670	19.89	1.29	0.160	42.55	10.41
मेलोकाना बेरिसफेरा	634.22	10.420	348.82	19.48	3.434	620.63	126.84
साइजोस्टैकियम डुलूआ	3.47	0.060	1.75	0.10	0.015	2.94	2.01
योग	6,394.47	99.764	3,082.11	184.63	33.295	5,840.64	2326.00

* नये तनों के ताजे भार के आधार पर आंकलित उत्पादकता तथा पोषण मूल्य खाने योग्य नए तनों के शुष्क भार के आधार पर आंकलित

खाद्य बाँस के औषधीय गुण

चीन के बाद दूसरा सबसे बड़ा बाँस उत्पादक देश होने के बावजूद भारत में बाँस के औषधीय गुणों पर अधिक ध्यान नहीं दिया गया है। बाँस की शाखाओं में पाये जाने वाले फ्लैवोन एवं ग्लूकोसाइड की मौजूदगी से इनमें सूक्ष्मजीवरोधी गुण होते हैं जिनके कारण इनका औषधीय उपयोग किया जा सकता है।

भारत की पारम्परिक चिकित्सा पद्धति में बाँस की *मेलोकाना बेस्सिफेरा* प्रजाति की शाखाओं में पाया जाने वाला सिलिकायुक्त पदार्थ जिसे वंशलोचन कहते हैं, अपने आरोग्य गुणों के कारण इस्तेमाल किया जाता है। हालाँकि इन दिनों इसकी जगह कृत्रिम सैलिसिक अम्ल का इस्तेमाल हो रहा है। *बम्बुसा अरुंडिनेसिया* की शाखाओं में कोलीन, बीटेन, न्यूक्लीयेज, यूरीयेज, साइनोजेन एवं ग्लूकोसाइड मौजूद रहते हैं जिनसे डायरिया, सूत्रकृमि एवं खाँसी का उपचार किया जाता है। *डेन्ड्रोकैलेमस स्ट्रिक्टस* की शाखायें एवं सुखायी गयी मज्जा में सिलिकायुक्त पदार्थ होते हैं। जो एस्ट्रिन्जेन्ट के रूप में कार्य करते हैं। बाँस की शाखाओं के खाद्य फ्लैवोनाइड में प्रसाररोधी गुण होता है जो शरीर को कैंसर एवं हृदय रोगों से बचाता हैं। *बम्बुसा बाल्कूआ* एवं *डेन्ड्रोकैलेमस स्ट्रिक्टस* की किण्वित सरस शाखायें फाइटोस्टेरोल का अच्छा स्रोत हैं जो भूख बढ़ाते हैं तथा रक्तचाप तथा कोलेस्ट्रॉल को घटाते हैं। बाँस की शाखाओं में बीटा–सिटोस्टेरॉल जैसे फाइटोस्टेरॉल की उच्च मात्रा में उपस्थिति भी पायी गयी हैं। भोजन में फाइटोस्टेरॉल की अधिकता से आंत, स्तन एवं प्रोस्टेट ग्रन्थि के कैंसर में कमी आती है। ताजी कटी बाँस की शाखाओं से प्राप्त फाइटोस्टेरॉल की मात्रा से स्टेरॉयडल दवाओं का उत्पादन किया जा सकता है। इससे डायोस्कोरिया एवं सोलेनम प्रजातियों जैसे स्टेरॉयडल दवाओं के प्राकृतिक स्रोतों का दोहन कम होगा। इसी प्रकार बाँस की शाखाओं में प्रोटोकैटेच्युइक अम्ल, पी–हाइड्रोक्सीबेन्जोइक अम्ल तथा सिंरिजिक अम्ल जैसे फेनोलिक यौगिक भी प्रचुर मात्रा में मौजूद होते हैं। फेनोलिक यौगिक महत्वपूर्ण जैव सक्रिय यौगिक हैं जो प्राकृतिक एन्टीऑक्सीडेंट एवं एन्टीइनफ्लामेट्री तथा कभी कभी सूक्ष्मजीवरोधी गुण प्रदर्शित करते हैं।

बाँस की अधिकतर प्रजातियों की शाखायें खाने योग्य होती हैं, परन्तु 1200 प्रजातियों में से खाद्य बाँस की संख्या 100 के भीतर ही है। राष्ट्रीय बाँस अनुप्रयोग अभियान द्वारा तीव्र गति से बढ़ने वाले 20 बहुद्देशीय प्रजातियों की पहचान की है, जिनमें से 10 खाने योग्य हैं। आई.एन.बी.ए.आर (अंतराष्ट्रीय बाँस एवं रत्तन जालतंत्र) द्वारा बाँस की शाखाओं के उद्योग के लिए 10 सर्वाधिक उपयुक्त प्रजातियों का चयन किया है। उनके नाम हैं–*बम्बुसा बाल्कूआ, डेन्ड्रोकैलेमस जाइगैन्टियस, डे. हैमिल्टोनी, डे. स्ट्रिक्टस* एवं *मेलोकाना बेस्सिफेरा*। बाँस की शाखा उत्पादन वाली अन्य प्रजातियाँ हैं–*डेन्ड्रोकैलेमस सिक्किमेन्सिस*, डे. लौंगिस्पैथस, *चिमोनोबम्बुसा हूकेरियाना, बम्बुसा बाल्कूआ, ब. टुल्डा, फाइलोस्टिकिस बम्बूसाइड्स* इत्यादि। *डेन्ड्रोकैलेमस ऐस्पर* का अत्यधिक उपयोग रसोई में होता है।

आई.डब्ल्यू.एस.टी. द्वारा किये गये अध्ययन के अनुसार उष्णकटिबंधीय आर्द्र जलवायु में खाद्य शाखाओं के उत्पादन के लिए *बम्बुसा बाल्कूआ, ब. बम्बोस, ब. न्यूटेन्स, डेन्ड्रोकैलेमस ऐस्पर, डे. स्ट्रिक्टस, डे. स्टॉक्सी* एवं *ग्वाडुआ अंगस्टिफोलिया* की खेती की जा सकती है तथा अर्द्धशुष्क जलवायु में *बम्बुसा बाल्कूआ, ब. बम्बोस, ब. न्यूटेन्स, डेन्ड्रोकैलेमस स्ट्रिक्टस* प्रजातियाँ इसके लिए अधिक उपयुक्त पायी गयीं। इसी क्रम में, उपलब्ध अभिलेख के अनुसार, दक्षिण भारत से, *अरुंडिनेरिया एस्टिटा, अ. हिरसुटा, बम्बुसा अरुंडिनेसिया, ब. ग्लॉसेसेन्स, ब. खासियाना, ब. लॉन्गिस्पिक्युलेटा, ब. न्यूटेन्स, ब. पॉलिमॉर्फा, ब. वल्गैरिस, ब. टुल्डा, सिफैलोस्टैकियम कैपिटैटम, सि. फुषियानम, सि. परग्रेसाइल, डेन्ड्रोकैलेमस ब्रान्डिसाइ, डे. जाइगैन्टियस, डे. हैमिल्टोनी, डे. हूकेरी, डे. लौंगिस्पैथस, डे. स्ट्रिक्टस, मेलोकाना बेस्सिफेरा, ऑक्सीटेनेन्थेरा अल्बोसिलिएटा, स्यूडोस्टैकियम पॉलीमॉर्फम, सिनोबम्बुसा एलिगान्स, अरुंडिनेरिया एलिगान्स* को खाद्य शाखाओं वाले बाँस के रूप में प्रयोग में लाया जाता है।

बाँस के विविध प्रसंस्कृत उत्पादों के निर्माण की विधियाँ

सारणी–18 में बाँस के ताजे, किण्वित और भुने तनों से निर्मित विभिन्न पारम्परिक पकवानों को दर्शाया गया है। सारणी–19 में ताजे बाँस के तनों की प्रसंस्करण विधियों को दिखाया गया है। सारणी–20 पूर्वोत्तर पर्वतीय क्षेत्र के विभिन्न राज्यों में भुने एवं किण्वित बाँस के तनों से बने उत्पादों की उपलब्धता दर्शाता है (चौधरी एवं समूह, 2012 (भट्ट एवं समूह, 2005)।

सारणी 18. पूर्वोत्तर राज्यों में ताजे, किण्वित और भुने हुए बाँस के तनों से बनाये हुए पारम्परिक पकवान

क्र. सं.	पूर्वोत्तर राज्य	पारम्परिक पकवान
1.	**अरूणाचल प्रदेश**	**(क) ताजे उबले:** (ओईंग/आदि, मिन्योग, रहू/मोन्पा, हिताकला/न्यिसिंग, लेला/अपातानी) ताजे बाँस के तनों की पतली फाँके बनाई जाती हैं। वे सूअर, बकरी अथवा बीफ के साथ हरी मिर्च और नमक डाल कर उबाली जाती हैं। **(ख) नमक के साथ ताजा उबाल कर:** (पाइक/अपातानी) कुछ जड़ी बूटियों और हरी पत्तियों को पोर्क, तेल, मिर्च और नमक के साथ मिलाकर ताजे बाँस के तने उबाले जाते हैं। **(ग) भूने हुए बाँस के तने:** (इवा/न्यिसिंग) यह पहले से पकाया हुआ या आग में भुना हुआ बाँस

का ताजा तना होता है। यह वैसे ही खाया जा सकता है अथवा अन्य सब्जियों अथवा मांस के सालन के साथ खाया जा सकता है। **(घ) किण्वित उत्पादः** अन्य सब्जियों, शाकाहारी और मांसाहारी करी का स्वाद बढ़ाने हेतु बांस से बने सभी किण्वित उत्पादों जैसे पिसे, सूखे अथवा फांके बना कर थोड़ी मात्रा में मिलाया जाता हैं।

2. मणिपुर

(क) ताजे तने की चटनीः (ऊसोई कांग्सु) ताजे बाँस की पतली–पतली फांकों को ठीक से धोकर पानी में उबाला जाता है। निचोड़कर पानी निकालने के बाद मिर्च, नमक, मिलाकर हओतनिआ कोरडाटा, सूखी मछली इत्यादि को स्वादानुसार मिला कर बनाया जाता है। **(ख) नमकीन ताजे तनेः** (ऊसोई ऊटी) ताजे बाँस की पतली–पतली फांकों को लोकल नमक या बेकिंग सोडा के साथ मिलाकर मटर अथवा अन्य दालों के साथ उबाला जाता है। इसमें नमक, हरी मिर्च, तथा पत्ती वाली हरी सब्जी भी मिलाई जाती है। **(ग) किण्वित तनो की सब्जीः** (सोईबम अथोंग्बा) फांके बना कर किण्वित तनों को आलू, मिर्च, नमक, हाओतेनिया कारडाटा के साथ उबाल या तल लिया जाता है। इसे मांस/मछली के साथ भी पकाया जाता है। **(घ) फांके बनाकर किण्वित तनों की चटनीः** (सोईबूम–ईरोम्बा) फांके वाले तनों को आलू तथा अरूम के तने, मिर्च, धनिया, (ईयूरयेल फेरॉक्स) के बीज और सूखी मछली और नमक के साथ मिला कर पकाया जाता है। **(ड.) सम्पूर्ण तने–किण्वित चटनीः** (सोईडॉन अथोंवबा) किण्वित सम्पूर्ण तनों के छोटे टुकड़ों को काट–काट कर और छोटा कर लिया जाता है और आलू, नमक, मिर्च अथवा मछली/मांस के साथ उबाला/तला जाता है।

3. मेघालय

(क) उबली सब्जीः (झुर सिरवा/खासी): ताजे बाँस के तनों को काट कर छोटे–छोटे टुकड़े बना कर उन्हें पानी में उबाल कर बचा हुआ पानी फेंक देते हैं। इसके बाद सादी सब्जी बनाने हेतु नमक मिलाया जाता है अथवा मांस/मछली के साथ कर उपयोग में लाया जाता है। **(ख) तली सब्जीः** (जिन्ताह/खासी): नरम तनों की फांके बनाकर इसे सब्जियों/सामिश वस्तुओं व सूखी मछली के साथ थोड़ा मसाला डाल कर तला जाता है। **(ग) तली करीः** बाँस के मुलायम तनों की पतली–पतली फांके बनाकर उसे आलू के साथ उबालकर फिर सूखी मछली मांस अथवा हरी पत्तियों के साथ मछली करी बनाते हैं। **(घ) अचारः** (अषार लुंग/खासी): फांके/तनों के छोटे टुकड़े काट कर सरसों के तेल में मिला देते हैं तथा इसमें अचार पाउडर, मिर्च और अन्य लोकल मसाले मिलाकर आचार बनाते हैं। **(ड.) किण्वित उत्पादः** (सिरवा/खासी): फांके/तनों के छोटे टुकड़ों को काट कर सादे पानी में भिगो कर किसी बर्तन अथवा बाँस के पाइप में 5 से 10 दिनों तक फर्मेंट (किण्वित) कर लेते हैं।

4\. **मिजोरम**

(क) उबली सब्जी: (चुम/मिजो) खाने योग्य तनों के छोटे छोटे टुकड़ों को पानी के साथ केवल नमक डालकर उबाला जाता है।

(ख) तली सब्जी: (कांग/मिजो) अन्य सब्जियों एवं मसालों के साथ बाँस के तनों को मिलाकर तला जाता है।

(ग) फ्राइड करी/सूप: (वाइपाडेन/मिजो) बाँस के नये तनों को सब्जी अथवा मांसाहारी व्यंजनों के साथ मसाला डालकर पकाया जाता है।

(घ) अचार: (उम/मिजो) बाँस के छोटे–छोटे टुकड़ों में मसाला, मिर्च, नमक, सिरका तथा सरसों के तेल में डाल कर आचार बनाया जाता है।

(ड.) किण्वित (फर्मेंटेड) उत्पाद: (रेप/मिजो) बाँस के तने उबाले जाते हैं फिर उन्हें निचोड़ कर कई माह तक सूखने के लिए रख दिया जाता है। इन्हें सालभर सब्जी की तरह इस्तेमाल किया जाता है।

5\. **नागालैंड**

(क) ताजे उबले: (रहूत्सा/लोथा; जुलोलाक्मेट/आओ; सांग्तेंगषिक/चांग; केसेबे/अंगामी) ताजे बाँस के तनों की पतली–पतली फांके बनाकर (यदि तने छोटे आकार के हों तो सम्पूर्ण तने) को मिर्च, नमक, हरी पत्तेदार सब्जियों अथवा सूअर के मांस, बीफ, बकरी/भेड़ के मांस, मुर्गे इत्यादि के साथ पकाया जाता है।

(ख) फ्राइड सब्जी: (केसे गाचा/अंगामी; वोयेन/लोथा) ताजे बाँस के तनों की पतली फांके बना कर उन्हें मछली/मांस तथा मिर्च, नमक और अन्य सब्जियों के साथ मिलाकर तल लेते हैं।

(ग) ताजी–सूखी–चटनी: (टुथू/अंगामी) ताजे पतली फांक वाले बाँस के तने पानी में उबाले जाते हैं। पानी निचोड़कर इसमें नमक, मिर्च, हाओटोनिया, हरी धनिया इत्यादि मिलाकर चटनी बनाते हैं।

(घ) किण्वित बाँस के तनों के व्यंजन–सभी प्रकार के किण्वित बाँस के तनों से बने व्यंजनों को थोड़ी मात्रा में स्वादानुसार मांसाहारी पकवानों एवं सभी तरकारियों में मिलाया जाता है।

6\. **सिक्किम**

(क) उबली/तली सब्जियाँ: (सब्जी/नेपाली) बाँस के नये तनों को नमक और सूखी मछली के साथ उबाला जाता है। मछली और मांस के साथ पकाकर इन्हें करी के तौर पर उपयोग में लाया जाता है।

(ख) फर्मेंटेड खाद्य: (मेसु/नेपाली) इसे बाँस की दो गांठों के चूंगा में 7 से 15 दिनों तक कसे एवं भरे हुए उबले नरम बाँस के तनों को फर्मेंट करके बनाया जाता है।

(ग) अचार: (अचार/नेपाली) बाँस के छोटे–छोटे टुकड़ों को सिरका, सरसों के तेल, अचार पाउडर, हरी मिर्च, अदरक और मसालों में मिलाकर अचार बनाया जाता है।

7. त्रिपुरा	**(क) सादा उबाल करः** (मुईआगुड्क) लहसुन, प्याज, मिर्च, अदरक और नमक के साथ बाँस के तनों की ताजी फांको को उबाला जाता है। **(ख) मिश्रित करीः** (मुईआचखाल) ताजे बाँस के तनों की पतली फांके बनाकर उन्हें मछली, मांस, मिर्च व हरी सब्जियों के साथ मिलाकर पकाया जाता है। **(ग) बाँस के भीतर पकानाः** (औंदरू) बाँस के तनों की पतली फांकों को पानी में भिगोये हुए चावल के साथ अच्छी तरह मिलाकर मिर्च, नमक और प्याज के साथ पकाया जाता है। इस मिश्रण को *बम्बुसा टुल्डा* अथवा *साइजोस्टैकियम डुलूआ* के नरम/कच्चे तनों की गांठों के बीच की खोखली जगह में भरकर आग के ऊपर भूना या आग पर पकाया जाता है।

सारणी 19. पूर्वोत्तर पर्वतीय क्षेत्र में भुने या फर्मेंटेड ताजे बाँस के तनों का प्रसंस्करण

क्र. सं.	प्रसंस्करण की विधियाँ	बनाने का तरीका
क)	फांके बनाकर फर्मेंट करना	ताजे तोड़े हुए बाँस के तनों को साफ कर के पानी से धोया जाता है। उन्हें पतली–पतली फांकों में काटा जाता है और तुरन्त ही पॉलीथीन की पन्नियों में भर कर पुनः कपड़ों/सिंथेटिक बैगों में भर कर 3–6 माह तक दबाव देकर फर्मेंटेशन हेतु रख दिया जाता है। खाने के लिए तैयार हो जाने के बाद इसे कई माह/वर्शों तक परिरक्षित किया जा सकता है।
ख)	पीसे किण्वित तने	ताजे तनों को पीस कर पॉली बैग में भर दिया जाता है अथवा प्लास्टिक या शीशे की बोतलों में भर दिया जाता है। 2–3 माह तक किण्वित होने के बाद यह उपयोग हेतु तैयार हो जता है।
ग)	पीस कर किण्वित एवं सुखाया हुआ	ताजे तनों को साफ कर धोया जाता है एवं छोटे-छोटे टुकड़ों में पीस लिया जाता है। उन्हें 3–7 दिनों तक किण्वित होने दिया जाता है और धूप में सुखाया जाता है। पूरी तरह सूख जाने के बाद, उन्हें पैक कर बाजारों में बेचा जाता है या सूखे रूप में ही भण्डारित किया जाता है।
घ)	बाँस के तने का स्क्वाश	स्वच्छ ताजे तनों को पीस कर, उनका स्क्वाश बनाकर प्लास्टिक या शीशे की बोतलों में भर दिया जाता है। यह ताजे और किण्वित दोनों ही प्रकार से उपयोग में लाया जाता है।
ड.)	भुने हुए बाँस के तने	अरूणाचल प्रदेश के कुछ ही जनपदों में इसका चलन पाया गया। ताजे बाँस के तनों को क्लम्प के ऊपरी आवरण या छिलके सहित आग में भूना जाता है। पूरी तरह भून दिये जाने के बाद ऊपरी

आवरण या छिलका हटा कर चावल अथवा रोटी के साथ खाया जाता है। तीन तनों का एक बंडल बनाकर इन्हें बाजार में बेचा जाता है।

सारणी 20. अरुणाचल प्रदेश, मणिपुर, नागालैण्ड और त्रिपुरा राज्यों में किण्वित और भुने हुए बाँस के तनों के उत्पादों की उपलब्धता

राज्य	**भुने हुए**	**किण्वित (स्थानीय नाम और बोली)**				
अरुणाचल प्रदेश	(न्यीसिंग) ईवा	फांके	पिसा	सूखा	सम्पूर्ण तना	स्क्वाश
		इकुंग (न्यीसिंग)	इकुंग (न्यीसिंग अडिमिंयोंग)	इउप (न्यीसिंग अडिमिंयोंग)	हिताक (न्यीसिंग अडिमिंयोंग)	अनुपलब्ध
		हिखू (अपातानी)	हिखू (अपातानी)	हिखू (अपातानी)	हिखू (अपातानी)	
मणिपुर	----	सोईबुम (मणिपुरी)	----	----	सोईडोन (मणिपुरी)	----
नागालैंड	----	जुसेम (अनो) सेडुओ (अउगामी)	रहुजाक (लोथा) जुत्सुक (आओ) जाह (सांग्ताम)	बाहरी छाल (शीथ) का नरम मुलायम हिस्सा रहुयेन (लोथा) आंतरिक भाग जैसे राइजोम, रहूजोन (लोथा) यीसु (आओ) न्यीषे (चांग)	सेथु (अंगामी)	रूटचू (लोथा) जिटजू (आओ) निशिक्ती (चांग) केसेडजा (अंगामी)

❑❑❑

अध्याय 18

बाँस की कुछ प्रजातियों की निर्यात संभाव्यता

बाँस की विभिन्न प्रजातियों जैसे *डेन्ड्रोकैलेमस हैमिल्टोनी, डे. जाइगैन्टियस, डे. सिक्किमेन्सिस, मेलोकाना बेस्सिफेरा, फाइलोस्टिकिस बम्बुसाइड्स* इत्यादि की विदेशों में निर्यात की असीम संभावनाएं हैं (भट्ट एवं समूह, 2003, 2004; सिंघा एवं समूह, 2002)। बाँस के तने को अंतर्राष्ट्रीय डेलीकेसी माना जाता है और वे थाइलैंड, चीन, डेनमार्क, फिलीपींस, ताइवान, तन्जानिया, पुरटो रिको, मलेशिया, सिंगापुर और जापान में सब्जी, अचार, सलाद और अन्य विभिन्न रूपों में बहुतायत से उपयोग में लाए जाते हैं। उदाहरणार्थ जापान की संस्कृति में भारत की बाँस प्रजातियों *सिनअरुंडिनेरिया हूकेरियाना* तथा *फाइलोस्टिकिस बम्बुसाइड्स* की अपेक्षा *फाइलोस्टिकिस हेटरोसाइक्ला प्यूबेसेन्स* (मोसो) बाँस की प्रजाति को अधिक महत्व दिया जाता है। यदि इन पर उचित ध्यान दिया जा सके तो यह दोनों प्रजातियां जापान को निर्यात की जा सकती हैं।

बाँस के नये तनों की आकृति, आकार और महक अन्य महत्वपूर्ण विशेषताएं हैं, जिससे निर्यात की संभावनाओं का पता लगता है जैसे चीन और जापान में *डेन्ड्रोकैलेमस लैटीफ्लोरस* नामक प्रजाति के तने मुख्यतः डिब्बाबंदी, शुष्कीकरण (निर्जलीकरण) और अचार बनाने हेतु उगाए जाते हैं परंतु जापान एवं सिंगापुर जैसे देशों में ये प्रजातियां ताजे तनों की तुलना में निम्न गुणवत्ता वाली मानी जाती हैं। भारतीय प्रजातियों में से *डेन्ड्रोकैलेमस लौंगिस्पैथस डे. सिक्किमेन्सिस, डे. मेम्ब्रेनेसियस* और *जाइगैन्टोक्लोआ रोस्ट्रैटा* डिब्बाबंदी, निर्जलीकरण और अचार बनाने हेतु सर्वोत्तम हो सकते हैं।

इसी प्रकार, तनों में साइनाइड की मात्रा तीखेपन पर असर डालती है और अधिक साइनाइड की मात्रा वाले तनों को खाने से पहले भली प्रकार तैयार करना

पड़ता है। साइनाइड की मात्रा का आंकलन करने पर पाया गया कि कुछ प्रजातियों में साइनाइड की मात्रा क्रांतिक स्तर से कम थी जबकि प्रमुख खाने योग्य प्रजातियाँ, साइनाइड की मात्रा से मुक्त पायी गईं। भारतीय प्रजाति *डेन्ड्रोकैलेमस हैमिल्टोनी* (पूर्वोत्तर क्षेत्र की एक बहु प्रचलित प्रजाति), थाईलैंड की एक प्रजाति *डेन्ड्रोकैलेमस ऐस्पर* (जो कि मीठी प्रजाति है) से काफी मिलती–जुलती है, अतः यह खाने की उत्कृष्ट प्रजाति है। थाइलैंड में, *डेन्ड्रोकैलेमस ऐस्पर* कच्ची खाई जाती है या कद्दूकस या सलाद के रूप में काटी जाती है। अतः *डेन्ड्रोकैलेमस हैमिल्टोनी* प्रजाति को निर्यात हेतु लोकप्रिय बनाना होगा।

पूर्वोत्तर पर्वतीय क्षेत्र में ताजे या फर्मेंटेड बाँस के तनों की खपत, शेष विश्व की ही तरह है। उदाहरण के लिए बैंकाक क्षेत्र में थाई लोग प्रत्येक मौसम में 10,000 टन से अधिक ताजे तनों का उपभोग करते हैं। जापान में प्रतिवर्ष ताजे तनों का उपभोग 100,000 से 1,40,000 टन के बीच आंका गया है। ताजे तनों की मांग की पूर्ति के लिए जापान में 70,000 हेक्टेयर में मोजो का वृक्षारोपण किया गया है। इसी प्रकार आस्ट्रेलिया में लगभग 8,000 टन डिब्बाबंद बाँस के तनों का आयात किया जाता है।

भारत के पूर्वोत्तर पर्वतीय क्षेत्र के अधिकतर स्थानों पर सुगम्यता न होने के कारण तथा झूम खेती के कारण बाँस के तनों की वास्तविक उत्पादकता का आंकलन करना कठिन है। फिर भी जापान, ताइवान और बैंकाक की तुलना में अकेले भारत के पूर्वोत्तर पर्वतीय क्षेत्र में ताजे व फर्मेंटेड बाँस के तनों का उपयोग अधिक है (सारणी–21)।

सारणी 21. सभी राज्यों में विभिन्न प्रजातियों के ताजे तनों का उपभोग एवं योगदान

प्रजाति	उत्पादकता (टन / वर्ष)	प्रतिशत योगदान
जाइगैन्टोक्लोआ रोस्ट्रैटा	25.74	0.45
टीनोस्टैकियम विटी	20.51	0.36
डेन्ड्रोकैलेमस जाइगैन्टियस	1094.00	19.24
डे. हैमिल्टोनी	1858.70	32.70
डे. हूकेरी	325.74	5.73
डे. लौंगिस्पैथस	5.02	0.09
डे. मेम्ब्रेनेसियस	6.06	0.11
डे. सिक्किमेन्सिस	1079.20	19.98
फाइलोस्टिकिस बम्बुसाइड्स	224.37	3.95

बम्बुसा बाल्कूआ	272.47	4.80
ब. पॉलिमॉर्फा	2.10	0.04
ब. टुल्डा	42.52	0.75
मेलोकाना बेस्सिफेरा	647.16	11.38
साइजोस्टैकियम डुलूआ	1.74	0.03
चिंग्वा (अनजानी प्रजाति)	73.23	1.29
खुप्री (अनजानी प्रजाति)	6.08	0.10
कुल	**5684.64**	**100.0**

आकार, प्रकार एवं भार के अनुसार अंतर्राष्ट्रीय बाजार में बाँस के तनों को पसंद किया जाता है। जैसे जापान में बुलेट आकार के छोटे मीठे तनों को पंसद किया जाता है (भार 0.20 से 1.00 कि.ग्रा.)। थाई लोग 2.0 से 4.0 कि.ग्रा. के बड़े प्ररोहों को पसंद करते हैं। उनके द्वारा मुख्यतः *डेन्ड्रोकैलेमस ऐस्पर* को थोड़ी मात्रा में *थाइरोस्टैकिस सियामेन्सिस* के साथ उपयोग में लाया जाता है। इन सारे निरीक्षणों के आधार पर *डेन्ड्रोकैलेमस जाइगैन्टियस, डे. हैमिल्टोनी, डे. सिक्किमेन्सिस, डे. लौंगिस्पैथस, जाइगैन्टोक्लोआ रोस्ट्रैटा* और *बम्बुसा बाल्कूआ* ने थाईलैंड में अपनी जगह बना ली है। इसी प्रकार *मेलोकाना बेस्सिफेरा, फाइलोस्टिकिस बम्बुसाइड्स, टीनोस्टैकियम विटी, साइजोस्टैकियम डुलूआ, सिनअरुंडिनेरिया हूकेरियाना* इत्यादि छोटे तनों के रूप में थाइलैंड तथा जापान में भी स्वीकार की जा सकती हैं। विभिन्न प्रकार की बाँस की प्रजातियों के तनों के उपभोग को सारणी–22 में दर्शाया गया है।

सारणी 22. सभी प्रजातियों के ताजे तनों का उपभोग

क्र.सं.	राज्य	उत्पादकता (टन/वर्ष)	प्रतिशत योगदान
1.	अरूणाचल प्रदेश	1978.82	34.80
2.	मणिपुर	2188.24	38.49
3.	मेघालय	442.03	7.78
4.	मिजोरम	432.63	7.61
5.	नागालैंड	441.60	7.77
6.	सिक्किम	–––	–––
7.	त्रिपुरा	201.36	3.54
	कुल	**5684.68**	**99.99**

जहाँ तक खाने योग्य बाँस के तनों के मूल्य का सवाल है, इस क्षेत्र में यह बहुत कम (रू. 5–10 / किलोग्राम) है। यदि अन्य देशों की दरों से तुलना करें जैसे जापान में *फाइलोस्टिकिस हेटेरोसाइक्ला बेसेंस* (मोसो बाँस) का मूल्य 1.50 से 3.00 अमेरिकी डालर प्रति किग्रा. है। इसके अतिरिक्त, विभिन्न देश बेमौसम में भी फसल का अधिक मूल्य प्राप्त करने हेतु मौसमों में हेर–फेर करते हैं। उदाहरणतः, चीन बाँस के निर्यात योग्य बाँस के तने पैदा करने के लिए अक्टूबर से दिसम्बर के बीच भूमि में भाप के पाइप बिछाता है जिससे वह बाँस के मौसम में परिवर्तन कर अधिक मूल्य (जापान के थोक बाजार में 4.00 से लेकर 6.00 यूएस डालर प्रति कि.ग्रा.) प्राप्त करते हैं। जापानी भी जनवरी से मार्च के बीच इसी तकनीक का प्रयोग करते हैं जिससे तनों की शीघ्र प्राप्ति हो सके व उन्हें थोक बाजार में यूएस डालर 15.00 / कि.ग्रा. की प्राप्ति हो सके। जिसके बाद जापान का मुख्य प्राकृतिक मोसो बाँस का मौसम शुरू होता है (अप्रैल से मई)। अंतर्राष्ट्रीय बाजारों में बाँस के तनों के मूल्य को देखते हुए यह आवश्यक है कि कुछ प्रजातियों की निर्यात संभाव्यता तलाशी जाए। नये तनों के उत्पादन हेतु इन संभावित प्रजातियों को रोपित करने की योजना को प्राथमिकता देने की आवश्यकता है। दुर्भाग्य से, बाँस के तनों की इन विशेषताओं पर भारत में अधिक ध्यान नहीं दिया गया क्योंकि इन्हें खाने का प्रचलन सिर्फ पूर्वोत्तर भारत तक ही सीमित है।

पूर्व परिणामों से यह स्पष्ट है कि पूर्वोत्तर क्षेत्र की आदिवासी जनसंख्या की पोषण सुरक्षा में बाँस की खाने योग्य प्रजातियाँ मुख्य भूमिका निभा सकती हैं। ये प्रजातियाँ जून के प्रथम सप्ताह से सितम्बर के अंतिम सप्ताह तक भोजन के रूप में भी प्रयोग की जाती हैं। अतः ये प्रजातियाँ वनारोपण के विभिन्न कार्यक्रमों में अपनाई जा सकती हैं। इस अध्ययन ने दर्शाया है कि खाने योग्य 25 प्रजातियों में से 16 का वाणिज्यिक महत्व है। विभिन्न प्रजातियों में से, *डेन्ड्रोकैलेमस हैमिल्टोनी* ने सर्वाधिक उत्पादकता प्रदर्शित की है क्योंकि पूर्वोत्तर पर्वतीय क्षेत्रों में ताजे बाँस के तनों के सकल उपभोग में इसका 32.57 प्रतिशत योगदान है। ताजे तनों के उपभोग के आधार पर *डेन्ड्रोकैलेमस जाइगैन्टियस* और डे. *सिक्किमेन्सिस* क्रमशः दूसरे और तीसरे क्रम पर हैं। इस प्रकार, *डेन्ड्रोकैलेमस* प्रजातियों में ताजे तने के कुल वार्षिक उपभोग में 76.84 प्रतिशत का योगदान किया है। *डेन्ड्रोकैलेमस* प्रजातियों के अतिरिक्त ऐसा प्रतीत होता है कि *मेलोकाना बेस्सिफेरा* भी इस क्षेत्र की खाने योग्य बाँस की एक मुख्य प्रजाति है क्योंकि इस प्रजाति ने खाने योग्य बाँस के कुल वार्षिक उपभोग में अकेले 11.38 प्रतिशत का योगदान किया है। *बम्बुसा* की विभिन्न प्रजातियों में से, *बम्बुसा बाल्कूआ* सर्वाधिक स्वीकृत प्रजाति है क्योंकि अन्य

दोनों प्रजातियों, *ब. टुल्डा* एवं *ब. पालिमॉर्फा* का वितरण सीमित है तथापि, *बम्बुसा* जाति के वार्षिक उपभोग में 5.60 प्रतिशत का योगदान किया है।

मणिपुर राज्य में ताजे बाँस के तनों का उपभोग अधिकतम (41.63 प्रतिशत) तत्पश्चात् नागालैंड (21.72 प्रतिशत), अरूणाचल प्रदेश (17.34 प्रतिशत), मेघालय (21.72 प्रतिशत) में रिकार्ड किया गया। मेघालय, मिजोरम एवं नागालैंड ने वार्षिक बाँस उपभोग में 8.23, 8.06 और 8.22 प्रतिशत का योगदान किया। विभिन्न राज्यों में से, त्रिपुरा ने कुल वार्षिक उपभोग में सबसे कम (3.75 प्रतिशत) योगदान किया। एक अध्ययन (सिंह एवं समूह, 2003) में दर्शाया गया है कि पूर्वोत्तर पर्वतीय क्षेत्रों में मणिपुर ने खाने योग्य बाँसों से अधिकतम राजस्व प्राप्त किया है। यह अध्ययन इसकी पुष्टि करता है।

जहाँ तक किण्वित बाँस के तनों का प्रश्न है इसे मणिपुर राज्य में सर्वाधिक दर्ज किया गया। जो कुल उपभोग का 41.63 प्रतिशत था जबकि इसके बाद यह नागालैंड (21.72 प्रतिशत), अरूणाचल प्रदेश (17.34 प्रतिशत) और मेघालय (14.74 प्रतिशत) में पाया गया। सिक्किम में बाँस के तनों को उबालकर बेचा जाता है, जिसका कुल किण्वित बाँस के उपभोग में 4.56 प्रतिशत का योगदान है। यद्यपि, मिजोरम और त्रिपुरा में किण्वित उत्पादों को व्यावसायिक स्तर पर विक्रय नहीं किया जाता है। इस कारण इसके आंकड़ों को दर्ज नहीं किया जा सका। बाँस के ताजे तनों की अपेक्षा किण्वित तनों से अधिक अच्छा मूल्य प्राप्त हुआ।

यद्यपि, ताजे और किण्वित बाँस के तनों का उपभोग मणिपुर में अधिकतम था तथापि, अरूणाचल प्रदेश में धन का शुद्ध लाभ सर्वाधिक दर्ज किया गया। ताजे और किण्वित बाँस के तनों से प्राप्त अधिकतम शुद्ध आय अरूणाचल प्रदेश में (रू. 5,15,94,032.00) तत्पश्चात मणिपुर (रू. 2,22,25,143.50) और नागालैंड (रू. 1,08,31,808.40) पाई गई। औसतन ताजे और किण्वित तनों द्वारा सभी राज्यों की कुल शुद्ध आय क्रमशः रू. 4,89,12,183.08 और 5,02,36,501.70 थी। इसी प्रकार अरूणाचल प्रदेश, मणिपुर और नागालैंड में खाने योग्य बाँस की प्रजातियों द्वारा कुल आय में क्रमशः 52.04, 22.42 और 10.92 प्रतिशत का योगदान किया गया। तथापि, सिक्किम राज्य में कुल शुद्ध आय का निम्नतम योगदान (1.45 प्रतिशत) पाया गया। इन परिणामों के आधार पर यह देखा गया कि औसतन 1810 व्यक्तियों को पूर्वोत्तर पर्वतीय क्षेत्र में बाँस के तनों के विक्रय से रोजगार प्रदान किया गया (भट्ट एवं समूह, 2006) जिसमें अरूणाचल प्रदेश में अधिकतम (942 व्यक्ति/वर्ष) और सिक्किम राज्य में सबसे कम (26 व्यक्ति/वर्ष) व्यक्तियों को रोजगार प्राप्त हुआ (सारणी–23)।

सारणी 23. सभी प्रजातियों के खाने योग्य बाँस के तनों से प्राप्त षुद्ध आय और रोजगार

क्र. स.	राज्य	ताजे तनों से आय (रू./वर्ष)	किण्वित तनों से आय (व्यक्ति/वर्ष)*	कुल आय (रू./वर्ष)	रोजगार की संभावनाएं
1.	अरूणाचल प्रदेश	2,09,10627.50	3,06,83404.50	5,15,94032.00	942
2.	मणिपुर	1,49,73747.25	72,51396.25	2,22,25,143.50	406
3.	मेघालय	34,40351.25	45,17362.50	79,57,713.75	145
4.	मिजोरम	22,96503.83	–––	22,96,503.83	42
5.	नागालैंड	44,82117.50	63,49,690.90	1,08,31808.40	198
6.	सिक्किम	–––	14,34647.55	14,34,647.55	26
7.	त्रिपुरा	28,08,835.75	–––	28,08,835.75	51
	कुल	**4,89,12,183.08**	**5,02,36,501.70**	**9,91,48,684.78**	**1810**

* दैनिक मजदूरी प्रति व्यक्ति 150 रू./दिन की दर से गणना की गई है।

बाँस की विभिन्न प्रजातियों का प्रजातिवार योगदान भी ज्ञात किया गया। *बम्बुसा बाल्कूआ* ने मणिपुर, मेघालय और त्रिपुरा राज्यों में क्रमशः 62.50, 19.30 और 18.22 प्रतिशत का योगदान किया। *डेन्ड्रोकैलेमस जाइगैन्टियस* का अरूणाचल प्रदेश, मणिपुर और नागालैंड में क्रमशः 13.05, 72.10 और 14.86 प्रतिशत उपभोग किया गया। *डेन्ड्रोकैलेमस हैमिल्टोनी* पूर्वोत्तर पर्वतीय क्षेत्र के लगभग सभी राज्यों में व्यापक रूप से फैली हुई है और यह क्रमशः 67.61, 0.40, 18.80, 13.2 और 0.69 प्रतिशत अरूणाचल प्रदेश, मणिपुर, मेघालय, नागालैंड तथा त्रिपुरा में प्रयुक्त की जाती है। *मेलोकाना बेस्सिफेरा* का भी व्यापक फैलाव है और इसका उपभोग 6.03, 10.31, 11.88, 50.21 और 21.57 प्रतिशत क्रमशः अरूणाचल प्रदेश, मणिपुर, मेघालय, मिजोरम और त्रिपुरा में किया जाता है। *बम्बुसा पॉलिमॉर्फा* तथा *ब. टुल्डा* को त्रिपुरा राज्य में खाने योग्य पाया गया। *डेन्ड्रोकैलेमस हूकेरी* और *फाइलोस्टिकिस बम्बुसाइड्स* सिर्फ अरूणाचल प्रदेश में ही खाई जाती है। अन्य प्रजातियों का वितरण सीमित मात्रा में ही पाया गया (सारणी–24)।

सारणी 24. पूर्वोत्तर पर्वतीय क्षेत्र के राज्यों में बाँस के ताजे तनों के रूप में प्रत्येक प्रजाति का योगदान (प्रतिशत)

क्र. सं.	प्रजाति	अरूणाचल प्रदेश	मणिपुर	मेघालय	मिजोरम	नागालैंड	त्रिपुरा
1.	*जाइगैन्टोक्लोआ रोस्ट्रैटा*	–––	–––	–––	–––	100.00	–––
2.	*टीनोस्टैकियम विटी*	–––	100.00	–––	–––	–––	–––
3.	*डेन्ड्रोकैलेमस जाइगैन्टियस*	13.05	72.10	–––	–––	14.86	–––
4.	*डे. हैमिल्टोनी*	67.61	0.40	18.80	–––	13.20	0.69
5.	*डे. हूकेरी*	100.00	–––	–––	–––	–––	–––
6.	*डे. लौंगिस्पैथस*	–––	100.00	–––	–––	–––	–––
7.	*डे. मेम्ब्रेनेसियस*	–––	100.00	–––	–––	100.00	–––
8.	*फाइलोस्टिकिस बम्बुसाइड़्स*	100.00	–––	–––	–––	–––	–––
9.	*बम्बुसा बाल्कूआ*	–––	62.50	19.30	–––	–––	18.22
10.	*ब. पॉलिमॉर्फा*	–––	–––	–––	–––	–––	100.00
11.	*ब. टुल्डा*	–––	–––	–––	–––	–––	100.00
12.	*मेलोकाना बेस्सिफेरा*	6.03	10.31	11.88	50.21	–––	21.57
13.	*साइजोस्टैकियम डुलूआ*	–––	–––	–––	–––	–––	100.00
14.	चिंग्वा (अनजानी प्रजाति)	–––	100.00	–––	–––	–––	–––
15.	खुप्री (अनजानी प्रजाति)	–––	–––	–––	–––	100.00	–––
	कुल	**286.69**	**545.31**	**49.98**	**50.21**	**328.06**	**340.48**

पारम्परिक रूप से खाने योग्य बाँस की प्रजातियाँ, जनजातीय समुदाय की प्रोटीन, कार्बोहाइड्रेट्स, वसा, विटामिन और खनिज पदार्थों की आवश्यकता की पूर्ति बहुत हद तक करती आ रही हैं। आदिवासी लोगों के जीवन में बाँस कुछ इस प्रकार से रच–बस गया है कि बिना इसके उनकी जीवन की कल्पना भी नहीं की जा सकती। इसके बावजूद आज तक पूर्वोत्तर पर्वतीय क्षेत्र के खाने योग्य बाँस की प्रजातियों का गुणात्मक और मात्रात्मक आंकलन नहीं किया गया है। खाने योग्य बाँस की प्रजातियों पर बहुत कम सूचना उपलब्ध है (सरकार और सुन्दरियाल ने अरूणाचल प्रदेष, झा और लाहा, एवं झा और लालनुन्माविया ने मिजोरम, सिंह एवं समूह ने मणिपुर और भट्ट एवं समूह ने इस क्षेत्र के मेघालय, मिजोरम तथा सिक्किम राज्यों के खाने योग्य बाँस की प्रजातियों के बारे में सूचना दी है)। इसके अतिरिक्त *मेलोकाना बेस्सिफेरा, डेन्ड्रोकैलेमस लौंगिस्पैथस, डे. हैमिल्टोनी* और *बम्बुसा टुल्डा* अन्य खाने योग्य बाँस की प्रजातियाँ मिजोरम में खाने योग्य पाई गई हैं। इसी प्रकार

बम्बुसा बम्बोस, ब. खासियाना, डेन्ड्रोकैलेमस हूकेरी, जाइगैन्टोक्लोआ मैक्रोस्टैकिआ, फाइलोस्टिकिस मानी और *साइजोस्टैकियम डुलूआ* अन्य खाने योग्य प्रजातियाँ मेघालय के लिए सूचित की गयी है। खाने योग्य वाणिज्यिक बाँस की प्रजातियों के अतिरिक्त कुछ अन्य प्रजातियाँ भी खाने योग्य हैं जैसे *बम्बुसा टुल्डा, डेन्ड्रोकैलेमस जाइगैन्टियस, डे. हूकेरी, डे. सिक्किमेन्सिस, डे. स्ट्रिक्टस* और *फाइलोस्टिकिस मानी*। अरूणाचल प्रदेश की खाने योग्य मुख्य प्रजातियों के अतिरिक्त *बम्बुसा टुल्डा, ब. पेलिडा, ब. न्यूटेन्स, सिफैलोस्टैकियम परग्रेसाइल* और तमाम अन्य अनजानी प्रजातियाँ खाने योग्य पायी गयी हैं। इस पुस्तक में खाने योग्य वाणिज्यिक प्रजातियों के अतिरिक्त मणिपुर में *अरुंडिनेरिया कैलोसा, अ. हूकेरी, बम्बूसा किंगियाना, ब. नाना, ब. न्यूटेन्स, ब. टुल्डा और डेन्ड्रोकैलेमस स्ट्रिक्टस* भी खाने योग्य पाई गई हैं। सुन्द्रियाल द्वारा भारत के हिमालयी क्षेत्र की जंगली बाँस की खाने योग्य प्रजातियों के रासायनिक संघटन और पोषक मूल्यों पर अध्ययन किये गये थे लेकिन खाने योग्य बाँस की प्रजातियों के बारे में इस प्रकार की कोई रिपोर्ट उपलब्ध नहीं है, क्योंकि नरम बाँस के तनों का उपभोग केवल पूर्वोत्तर पर्वतीय क्षेत्र में ही पाया जाता है। जिन प्रजातियों के पोषक तत्वों का आंकलन इस पुस्तक में किया गया है वे बाजारों में या तो ताजी अथवा किण्वित रूप में बेची जाती हैं। इसलिए पूर्वी हिमालय क्षेत्र की प्रमुख खाने योग्य बाँस की प्रजातियों के रासायनिक संघटन व पोषकों पर सूचना पहले से उपलब्ध ज्ञान में वृद्धि करती है।

बहुत सारे अध्ययनों में रेशा, प्रोटीन और आहार ऊर्जा ही खाने योग्य बाँस के मुख्य निर्धारक घटक हैं और जंगली प्रजातियों में इन तत्त्वों की उपलब्धता के बारे में बहुत कम जानकारी उपलब्ध है। खाद्य ऊर्जा, प्रोटीन और मोटे रेशे बाँस के तनों में उचित मात्रा में पाए गए हैं। खाने योग्य तनों में खनिजों की विशेषकर कैल्शियम तत्त्व की प्रचुरता पाई गई है। बाँस के तनों में फास्फोरस की मात्रा भी अधिक पायी गई। विभिन्न प्रजातियों में वसा, एस्कॉर्बिक अम्ल और ट्रिप्टोफान 3–4 गुणा अधिक और अन्य तत्त्व 1–2 गुणा अधिक पाये गए।

यद्यपि, किसी एक विशेष प्रजाति में सभी प्रचालकों का अधिक मान नहीं पाया गया, तथापि, *डेन्ड्रोकैलेमस सिक्किमेन्सिस* ने कैल्शियम की अधिक मात्रा दर्शाई। *डेन्ड्रोकैलेमस हूकेरी* के तनों में फास्फोरस की अधिकतम मात्रा रिकार्ड की गई। *बम्बुसा बाल्कूआ* और *ब. न्यूटेन्स* के नये तनों में फास्फोरस की अपेक्षाकृत अधिक मात्रा पाई गई जबकि, मैग्नीशियम की अधिकतम मात्रा तुलनात्मक रूप से *डेन्ड्रोकैलेमस जाइगैन्टियस* में रिकार्ड की गई। नये बाँस के तने, विटामिनों खास

तौर पर स्कार्बिक अम्ल एवं ट्रिप्टोफान से परिपूर्ण पाए गए। कार्बोहाइड्रेट्स और वसा की मात्रा खाने योग्य बाँस के तनों में बाँस की जंगली प्रजातियों की तुलना में कम पाई गई।

बाँस की शाखाओं का पूर्व–प्रसंस्करण एवं प्रसंस्करण

बाँस की शाखाओं के इस्तेमाल से पूर्व इनका पूर्व–प्रसंस्करण आवश्यक है। इसके लिए इनके आवरण को छीलकर खाने योग्य भाग को काट लिया जाता है। इन कटे भागों को रात भर के लिए पानी में भिगो दिया जाता है तथा 30 मिनट तक उबाला जाता है। तत्पश्चात्, इन्हें पानी से निकालकर उपयोग में लाया जाता है। बाँस की स्वस्थ शाखायें व्यंजनों में प्रयोग की जाती हैं। बाहरी छिलके को हटा कर कोमल भाग को छल्लेदार अथवा पसंदीदा आकार में काट लिया जाता है।

बाँस की शाखाओं में साइनोजेनिक ग्लूकोसाइड होते हैं जो एण्डोजेनिक हाइड्रोलाइसिस होने पर हाइड्रोसाइनिक एसिड बनाते हैं (चौधरी एवं समूह, 2012)। बाँस की शाखाओं के टुकड़ों को भाप द्वारा पकाकर हाइड्रोसायनिक एसिड को हटाया जा सकता है। एक अन्य विषाक्त पदार्थ टैक्सीफाइलिन *बम्बुसा ग्वाडुआ, ब. वल्गैरिस, ब. अरुंडिनेसिया, डेन्ड्रोकैलेमस जाइगैन्टियस* एवं *डे. हैमिल्टोनी* में पाया जाता है। बाँस की शाखाओं का टैक्सीफाइलिन उबालने पर बड़ी आसानी से अपघटित हो जाता है। इसलिए पकाने के दौरान अथवा जल परिवर्तन से यह विषाक्त पदार्थ दूर किया जा सकता है। यह विषाक्तता शाखाओं की पतले टुकड़ों को 2 प्रतिशत लवणीय जल में भिगोकर भी दूर की जा सकती है। बाँस की शाखाओं का इस्तेमाल अनेक खाद्य पदार्थों जैसे कैन्डी, चटनी, करी एवं सिरका, नींबू एवं तैलीय अचार के निर्माण में किया जाता है। इन दिनों बाँस की शाखाओं को लघु एवं ग्रामीण स्तरीय उद्यमों के अंतर्गत लम्बे समय तक ताजा रखने के उपायों द्वारा पैक कर इनका विपणन करना संभव हो गया है।

चीन में किये गये शोध में पाया गया कि विभिन्न बाँस प्रजातियों में पचनीय कार्बोहाइड्रेट्स 4.5, प्रोटीन 2.6, वसा 0.3 और राख की मात्रा 0.9 प्रतिशत दर्ज की गई (यंग, 1954)। वर्तमान अध्ययन से प्राप्त हुए परिणाम यंग के परिणामों से मिलते जुलते हैं। इसके अतिरिक्त, बाँस के तनों में साइनोजेनिक ग्लूकोसाइड्स पाया जाता है जो अंतःस्थानिक जलीयकरण से हाइड्रोसायनिक अम्ल (एच.सी.एन.) बनाता है। इसे एक पोषण विरोधी तत्त्व माना जाता है। हाइड्रोसायनिक अम्ल को 0.05 से 0.30 प्रतिशत के बीच पाया गया है। यद्यपि, वर्तमान अध्ययन में खाने योग्य बाँस

की प्रजातियों में एच.सी.एन. की मात्रा 0.009 से 0.020 प्रतिशत के बीच पाई गई जो क्रांतिक स्तर से बहुत ही कम है। इस प्रकार, इस अध्ययन का उपयोग इस जहरीले घटक की निम्न मात्रा वाली प्रजातियों के निर्धारण हेतु किया जा सकता है। हालाँकि, खाने योग्य बाँस की प्रजातियों में एच.सी.एन. की मात्रा को कम करने के लिए आदिवासियों के अपने पारम्परिक तरीके हैं। उन पारम्परिक तरीकों को भी रिकार्ड किया गया है जिनसे ताजे बाँस के तनों से अम्लीयता (कड़ुवापन) कम की जा सकती है जैसे नरम तनों को छोटे–छोटे टुकड़ों में काटना, ताजे तनों को सुखाना, पानी में उबालना/नमक मिले पानी में उबालना और उबले पानी को फेंक देना या नरम तनों को 10–15 मिनट तक गरम पानी में रखना या सादे पानी में तनों को कमरे के तापमान पर एक सप्ताह तक रखना इत्यादि। इसके अतिरिक्त, खाने योग्य विभिन्न प्रजातियों में सूक्ष्म तत्त्वों के निर्धारण हेतु शोध–कार्य की आवश्यकता है जिसमें होमोजेनटिसिक अम्ल (एच.जी.ए.) पर अध्ययन शामिल हैं जो बाँस के तनों के अवांछनीय तीखे स्वाद के लिए जिम्मेदार हैं।

❑❑❑

अध्याय 19

संदर्भ

अहलावत, पी., हरिदासन, के. एवं हेगड़े, एस.एन. (2002)। फील्ड मैनुअल ऑफ प्रोपगेशन ऑफ बैम्बू इन नॉर्थ ईस्टर्न इंडिया, इन्फॉर्मेशन बुलेटिन नं. 14, स्टेट फॉरेस्ट रिसर्च इंस्टीच्यूट, डिपार्टमेन्ट ऑफ इंवायरोमेंट एण्ड फॉरेस्ट, गवर्नमेन्ट ऑफ अरुणाचल प्रदेश सरकार, ईटानगर।

अज्ञात (2015)। मैनुअल फॉर इस्टैब्लिशमेंट एंड मैनेजमेंट ऑफ बैम्बू प्लान्टेशन। बीटीएसजी–के. एफ.आर.आई, नेशनल बैम्बू मिशन।

अज्ञात (2011)। इंडिया स्टेट ऑफ फॉरेस्ट रिपोर्ट, फॉरेस्ट सर्वे ऑफ इंडिया, मिनिस्ट्री ऑफ फॉरेस्ट एंड इंवायरोमेन्ट, गवर्नमेन्ट ऑफ इंडिया, देहरादून।

चक्रवर्ती, एस. एवं शुक्ल (2012)। बैम्बू डाइवर्सिटी, यूटिलाइजेशन एंड कंजरवेशन विथ स्पेशल रेफरेन्स टू वेस्ट बंगाल। इंडियन फॉरेस्टर, 138(6) : 518–530।

चौधरी डी., साहू, जे.के. एवं शर्मा, जे.डी. (2012)। बैम्बू शूट : माइक्रोबायोलॉजी, बायोकेमिस्ट्री एण्ड टेक्नोलॉजी ऑफ फर्मेन्टेशन। इंडियन जर्नल ऑफ ट्रेडिशनल नॉलेज, 11(2) : 242–249।

नाथ, एस., कृष्णामूर्त्ति, आर. एवं दास, आर. (2012)। बैम्बू ग्रोथ ट्रेन्ड अंडर लैटेराइटिक सॉइल कंडिशन ओड साउथ वेस्ट बंगाल, इंडिया। एनल्स ऑफ फॉरेस्ट्री, 20(1) : 31–45।

नाथ, एस., राम, एन., टमटा, बी.पी., चंद्रशेखर, बी.एस., सिन्हा, ए. एवं दास, आर. (2012)। स्टडीज ऑन होमस्टेड बैम्बू रिसोर्सेज ऑफ झारखंड एण्ड ऐडज्वाइनिंग साउथ वेस्ट बंगाल इन रिलेशन टू लैंड यूज फॉर रूरल अपलिफ्टमेन्ट एण्ड लाइवलीहुड सिक्योरिटी। इन रीसेन्ट एडवांसेज इन बैम्बू प्रोपगेशन, मैनेजमेन्ट एंड यूटिलाइजेशन (एडिटर्सः पी.

अग्रवाल, वी.पी. तिवारी, पी.आर. त्रिवेदी, एस. च. जोशी), आई.डब्ल्यू.सी.टी. बैंगलोर द्वारा प्रकाशित, पृ0 सं0 196–209।

पटेरिया, एच.एम., शर्मा, ओ.पी. एवं भट्ट, बी.पी. (2003)। सस्टेनेबिलिटी थ्रू एग्रोफॉरेस्ट्री इन हिमालयाज : ऐन ओवरव्यू। इनः भट्ट एट ऑल (एडिटर्स) ऐप्रोचेस फॉर इनक्रीजिंग एग्रीकल्चरल प्रोडक्टीविटी इन हिल एण्ड माउंटेन इकोसिस्टम, पृ0 सं0 129–138, पूर्वोत्तर पर्वतीय क्षेत्र के लिए भा.कृ.अनु.प. का अनुसंधान परिसर, उमियाम, मेघालय।

पातिराम, भट्ट, बी.पी. एवं सिंह, के. (2003)। रिजेनेरेटिव एग्रीकल्चर इन एन.ई.एच. रीजन। इनः भट्ट एट. आल. (एडीटर्स) एप्रोचेस फॉर इनक्रीजिंग एग्रीकल्चरल प्रोडक्टीविटी इन हिल एण्ड माउंटेन इकोसिस्टम, पृ0 सं0 309–316, पूर्वोत्तर पर्वतीय क्षेत्र के लिए भा.कृ.अनु.प. का अनुसंधान परिसर, उमियाम, मेघालय।

भट्ट, बी.पी., सिंघा, एल.बी., सिंह, के. एवं सचान, एम.एस. (2003)। सम कमर्शियल एडीबल बैम्बू स्पीशिज ऑफ नार्थ इस्ट इंडिया : प्रोडक्शन, इंडीजीनस यूजेज, कॉस्ट–बेनेफीट एण्ड मैनेजमेंट स्ट्रैटेजीज। बैम्बू साइंस एण्ड कल्चर जर्नल, 17(1) : 4–20।

भट्ट, बी.पी., सिंघा, एल.बी. एवं सचान, एम.एस. (2003)। कमर्शियल एडिबल बैम्बू स्पीशिज एण्ड देयर मार्केट पोटेंशियलिटी इन थ्री इंडियन ट्राइबल स्टेट्स ऑफ द नॉर्थ इस्टर्न हिमालयन रीजन। जर्नल ऑफ बैम्बू एण्ड रतन, 2(2) : 111–133।

भट्ट, बी.पी. एवं बुजरबरूआ, के.एम. (2004)। पोटेंशियल एडिबल बैम्बू स्पीशिज ऑफ नार्थ इस्टर्न हिमालयन रीजनः प्रोडक्शन पोटेंशियल, कॉस्ट–बेनेफिट एनालिसिस, न्यूट्रीशनल सिक्योरिटी एण्ड मैनेजमेंट स्ट्रैटेजीज, पृ0 सं0 100।

भट्ट, बी.पी., सिंघा, एल.बी. एवं सचान, एम.एस. (2004)। डिस्ट्रीब्यूशन, ग्रोथ एण्ड प्रोडक्टीविटी ऑफ कमर्शियल एडिबल बैम्बू स्पीशिज इन द थ्री स्टेट्स ऑफ इस्टर्न हिमालय, इंडिया। वर्ल्ड बम्बू एण्ड रतन, 2(3) : 22–32।

भट्ट, बी.पी., सिंघा, एल.बी., सचान, एम.एस. एवं सिंह, के. (2004)। कमर्शियल एडिबल बैम्बू स्पीशिज ऑफ द नार्थ इस्टर्न हिमालयन रीजन, इंडिया, पार्ट। यंग शूट सेल्स। जर्नल ऑफ बैम्बू एण्ड रतन 3(4) : 337–364।

भट्ट, बी.पी., सिंघा, एल.बी., सचान, एम.एस. एवं सिंह, के. (2005)। कमर्शियल एडिबल बैम्बू स्पीशिज ऑफ द नार्थ इस्टर्न हिमालयन रीजन, इंडिया, पार्ट II. फरमेंटेड, रोस्टेड एण्ड बॉयल्ड बैम्बू शूट्स सेल्स। जर्नल ऑफ बैम्बू एण्ड रतन, 4(1) : 13–31।

भट्ट, बी.पी., सिंह, के. एवं सिंह, अल्का (2005)। न्यूट्रीटिव वैल्यूज ऑफ सम इम्पोर्टेंट एडिबल बैम्बू स्पीशिज ऑफ नार्थ इस्टर्न हिमालयन रीजन। जर्नल ऑफ बैम्बू एण्ड रतन, 4(2) : 111–124।

भट्ट, बी.पी., सिंह, के., सचान, एम.एस., सिंघा, एल.बी. एवं सिंह, अल्का (2006)। एडिबल बैम्बू स्पीशिज ऑफ एन.ई.एच. रीजन : ए पोटेंशियल रिसोर्स फॉर रिहेबिलीटेशन ऑफ डिग्रेडेड लैंड्स, फूड सिक्योरिटी एण्ड इम्प्लायमेंट जेनेरेशन। इनः भट्ट, बी.पी. एवं बुजरबरूआ, के.एम. (एडिटर्स) एग्रोफॉरेस्ट्री इन नार्थ इस्ट इंडिया : ऑपरच्यूनिटीज एण्ड चैलेन्जेज, पूर्वोत्तर पर्वतीय क्षेत्र के लिए भा.कृ.अनु.प. का अनुसंधान परिसर, उमियाम, मेघालय द्वारा प्रकाशित, पृ0 सं0 261–276।

भण्डारी, एम.एस., कौशल, आर., बनिक, आर.एल. एवं तिवारी, एस.के. (2015)। जेनेटिक इवैल्यूएशन ऑफ न्यूट्रीशनल एण्ड फॉडर क्वालिटी ऑफ डिफरेंट बैम्बू स्पेशीज।

मित्रा, एस. मुखर्जी, के.एस. (2007)। डाईवर्सिटी एण्ड रीअसेस्मेन्ट ऑफ बैम्बू इन वेस्ट बंगाल। जर्नल ऑफ इकोनॉमिक एण्ड टैक्सोनॉमिक बॉटनी, 31(1) : 78–90।

यंग, आर.ए. (1954)। फ्लेवर क्वालिटीज ऑफ सम एडीबल ऑरिएंटल बैम्बूज। इकोनॉमिक बॉटनी, 8 : 377–386।

वेंकटेश, एम.एस.; भट्ट, बी.पी.; कुमार, कैलाश; मजुमदार, बी. एवं सिंह, के (2005)। सॉयल प्रॉपर्टिज इंफ्लुएंस्ड बाइ सम इम्पोर्टेंट एडीबल बैम्बू स्पीशिज इन नार्थ इस्टर्न हिमालयन रीजन, इंडिया। जर्नल ऑफ बैम्बू एण्ड रतन, 4(3) : 221–230।

साहू, ए.; ऑग्रा, आर.के.; सूद, ए. एवं आहूजा, पी.एस. (2010)। न्यूट्रीशनल इवैल्यूएशन ऑफ बैम्बू कल्टीवार्स इन सब–हिमालयन रीजन ऑफ इंडिया बाई केमिकल कम्पोजिशन एण्ड इन विट्रो रुमिनल फर्मेंटेशन। ग्रासलैंड साइंस, 56(2) : 116–125।

सिंघा, एल.बी., भट्ट, बी.पी. एवं खान, एम.एल. (2003)। फ्लावरिंग ऑफ बम्बुसा कैकारेन्सिस मजुमदार इन द साउदर्न पार्ट ऑफ नार्थ–इस्ट इंडिया : ए केस स्टडी। जर्नल ऑफ बैम्बू एण्ड रतन, 2(1) : 57–63।

सिंघा, एल.बी., भट्ट, बी.पी., सचान, एम.एस. एवं सिंह, के. (2002)। मार्केट पोटेंशियलिटी ऑफ एडिबल बैम्बू शूट्स इन नार्थ–इस्टर्न हिल रीजन ऑफ इंडिया। इन प्रोसिडिंग ऑफ नेशनल सेमिनार ऑन द रोल ऑफ बायोडाइवरसिटी एण्ड इनवायरोमेंटल स्ट्रैटेजीज इन नार्थ–ईस्ट इंडिया, पृ0 सं0 84–99, सेंट मैरीज कॉलेज, शिलाँग, मेघालय द्वारा आयोजित।

सोलंकी, के.आर., बुजरबरुआ, के.एम. एवं भट्ट, बी.पी. (2004)। बैम्बू : ए पोटेंशियल रिसोर्स फॉर एग्रोफॉरेस्ट्री एण्ड सोशल फॉरेस्ट्री विद स्पेशल रेफरेन्स टू एन.ई.एच. रीजन, पृ0 सं0 52।

होर, डी.के. (1998)। जेनेटिक रिसोर्सेज अमंग बैम्बूज ऑफ नॉर्थ ईस्टर्न इंडिया। जर्नल ऑफ इकोनॉमिक एंड टैक्सोनॉमिक बॉटनी, 22(1) : 173–181।

http://www.odishabamboo.org

http://www.bambootech.org

❑❑❑

डॉ. बिकाश दास

डॉ. बिकाश दास, भारतीय कृषि अनुसंधान परिषद का पूर्वी अनुसंधान परिसर, पटना के अनुसंधान केन्द्र, राँची में वरिष्ठ वैज्ञानिक (बागवानी) के पद पर कार्यरत हैं। उन्हें कृषि–बागवानी आधारित कृषि–वानिकी के क्षेत्र में 16 वर्षों के अनुसंधान का अनुभव है। उन्होंने जनजातीय कृषि प्रणाली, जलवायु परिवर्तन एवं धान परती भूमि प्रबंधन के क्षेत्र में उल्लेखनीय शोधकार्य किया है। वे पूर्वी भारत के अनेक राज्यों में बागवानी विकास हेतु तकनीकी मार्गदर्शन प्रदान करने के लिए जाने जाते हैं। राष्ट्रीय एवं अंतर्राष्ट्रीय जर्नलों में उनके 51 शोधपत्र प्रकाशित हुए हैं। इसके अलावा उन्होंने 3 पुस्तकें, 6 तकनीकी बुलेटिन एवं 30 से अधिक प्रसार पुस्तिकायें लिखी हैं। उन्हें जनजातीय किसानों के जीविकोत्थान के क्षेत्र में महत्वपूर्ण योगदान के लिए भारतीय कृषि अनुसंधान परिषद, नई दिल्ली द्वारा प्रतिष्ठित फखरूद्दीन अली अहमद पुरस्कार से सम्मानित किया गया है। इसके अलावा उन्हें इंटरनेशनल कंसोर्टियम ऑफ कन्टेम्पररी बायोलॉजिस्ट, राँची द्वारा यंग साइंटिस्ट स्वर्ण पदक भी प्राप्त है।

लेखकों के विषय में

डॉ. भगवती प्रसाद भट्ट

डॉ. भट्ट का जन्म 5 फरवरी, 1965 को उत्तराखण्ड प्रदेश के टिहरी जनपद के कोठीयाड़ा ग्राम में हुआ है। इन्होंने अपनी शिक्षा हेमवती नंदन बहुगुणा गढ़वाल विश्वविद्यालय, श्रीनगर गढ़वाल से संपन्न की। इन्होंने वर्ष 1991 में डाक्टरेट की उपाधि अर्जित करने के पश्चात् गढ़वाल विश्वविद्यालय में वानिकी विषय में व्याख्याता के रूप में शुरूआत की। तत्पश्चात् इन्होंने वरिष्ठ वैज्ञानिक के रूप में वर्ष 2000 में उत्तर–पूर्वी पर्वतीय क्षेत्र के लिए भारतीय कृषि अनुसंधान परिषद का अनुसंधान परिसर, बड़ापानी, मेघालय में योगदान दिया। इन्होंने अप्रैल 2005 से मार्च 2007 तक संयुक्त निदेशक के रूप में इसी संस्थान के क्षेत्रीय कार्यालय, नागालैंड में कार्य किया तथा मार्च से जुलाई, 2007 तक प्रधान वैज्ञानिक (वानिकी) के रूप में भी कार्य किया। तत्पश्चात्, अगस्त, 2007 से दिसम्बर, 2010 तक इसी क्षेत्रीय कार्यालय में संयुक्त निदेशक के रूप में कार्य किया। वर्ष 2011 से डॉ. भट्ट भारतीय कृषि अनुसंधान परिषद का पूर्वी अनुसंधान परिसर, पटना में निदेशक के रूप में कार्यरत हैं।

डॉ. भट्ट को भारतीय वानिकी अनुसंधान एवं शिक्षा परिषद द्वारा 1998–99 के लिए वानिकी अनुसंधान में उत्कृष्ट कार्य हेतु पुरस्कार दिया गया। उन्हें भारतीय कृषि अनुसंधान परिषद द्वारा भी सघन समेकित कृषि प्रणाली पर कार्य करने हेतु वर्ष 2004–05 में फखरूद्दीन अली अहमद पुरस्कार दिया गया। इसके अलावा, वर्ष 2009 में फेलो नेशनल अकादमी ऑफ एग्रीकल्चर साइन्सेस से तथा वर्ष 2012 में फेलो नेशनल इंस्टीच्यूट ऑफ इकोलॉजी से भी इन्होंने पुरस्कार प्राप्त किया। वर्ष 2012 में ही इन्हें संसाधनों की कमी वाले किसानों की खाद्य एवं पोषण सुरक्षा में शोध हेतु भारत ज्योति पुरस्कार तथा कृषि के क्षेत्र में उत्कृष्ट योगदान के लिए भारत एक्सीलेंस पुरस्कार से नवाजा गया। वर्ष 2013 के लिए इन्हें राजीव गाँधी आर्क फॉर एक्सीलेंस पुरस्कार, फखरूद्दीन अली अहमद पुरस्कार तथा ज्ञान–विज्ञान पर हिन्दी में मूल पुस्तक लिखने के लिए राजीव गाँधी पुरस्कार योजना के अंतर्गत पुरस्कार प्रदान किया गया। वर्ष 2014–15 हेतु इन्हें गणेश शंकर विद्यार्थी हिन्दी पत्रिका पुरस्कार से सम्मानित किया गया। इनके नेतृत्व में 8 छात्र/छात्राओं को पी.एच.डी. की उपाधि दी गई है तथा इन्होंने अब तक 24 एक्सटर्नली फंडेड रिसर्च स्कीम का सफल संपादन किया है।

डॉ. भट्ट की विशेषज्ञता कृषि वानिकी, समेकित कृषि प्रणाली तथा प्राकृतिक संसाधन संरक्षण में है। इन्होंने अभी तक 156 शोध–पत्र, 62 अध्याय, 14 पुस्तक, 24 तकनीकी बुलेटिन, 7 प्रशिक्षण मैनुअल, 3 प्रसार बुलेटिन, 3 पॉलिसी डॉक्यूमेंट तथा 13 लोकप्रिय लेख का प्रकाशन किया है।